U0664322

生态庭院造景系列

入户庭院设计

丛书主编　董君　本册主编　刘晶

策划　北京吉典博图文化传播有限公司

中国林业出版社

China Forestry Publishing House

图书在版编目（CIP）数据

入户庭院设计 / 董君主编 . -- 北京：中国林业出版社，2013.3（生态庭院造景系列）

ISBN 978-7-5038-6970-9

Ⅰ . ①入… Ⅱ . ①董… Ⅲ . ①庭院－园林设计－图集Ⅳ . ① TU986.2-64

中国版本图书馆 CIP 数据核字（2013）第 038919 号

【生态庭院造景系列】——入户庭院设计

◎ 编委会成员名单
丛书主编：董 君
本册主编：刘 晶
编写成员： 贾 刚　王 琳　郭 婧　刘 君　贾 濛　李通宇　姚美慧　李晓娟
　　　　　 刘 丹　张 欣　钱 瑾　翟继祥　王与娟　李艳君　温国兴　曾 勇
　　　　　 黄京娜　罗国华　夏 茜　张 敏　滕德会　周英桂　李伟进　梁怡婷
◎ 策划： 北京吉典博图文化传播有限公司

中国林业出版社 · 建筑与家居出版中心
出版咨询： （010）8322 5283
_____
出版：中国林业出版社 （100009 北京西城区德内大街刘海胡同 7 号）
网址：www.cfph.com.cn
E-mail：cfphz@public.bta.net.cn
电话：（010）8322 3051
发行：中国林业出版社
印刷：北京利丰雅高长城印刷有限公司
版次：2013 年 4 月第 1 版
印次：2013 年 4 月第 1 次
开本：210mm×270mm 1/16
印张：9
字数：100 千字
定价：39.00 元
_____

目录 CONTENTS

案例 ❶

简约写就时尚景观

Simple write on the fashion landscape

项目地点：深圳市
庭院面积：68000 平方米
设计公司：SED 新西林景观国际

设计师将蒙德里安的抽象画分解成简洁的几何图形，让线与线、线与面、面与面之间形成相互关联，在图形中吸入软、硬景的设计元素，让不同材质、肌理、色彩的物质相互融合、呼应，形成相互依存的场地空间。

本案的设计源泉，来自绘画大师蒙德里安的绘画结构及色块特点。细节设计上采用大量灰色元素，使空间成为一个有机的整体。石材、砌块的铺设上追求纹路自然、缝隙均匀，强调边缘、路口转角、墙角等位置的衔接模数，尽量做到不切割材料。景观采用建筑设计的高差进行园林布局，并引入循环水景营造多重景观体系。通过简练的装饰，让简洁的线条使空间洋溢出一派热烈的城市时尚艺术风情。抽象与秩序，简约与纯朴，项目将现代艺术融入于社区的构成中，以自然的手法打造出充满现代气息的简约风尚。

简约线条，时尚艺术

设计点睛 **1**

设计师将蒙德里安的抽象画分解成简洁的几何图形，让线与线、线与面、面与面之间形成相互关联，在图形中吸入软、硬景的设计元素，让不同材质、肌理、色彩的物质相互融合、呼应，形成相互依存的场地空间。

小院采用红色点缀，非常温馨

设计点睛 ② 细节设计上采用大量灰色元素，使空间成为一个有机的整体。石材、砌块的铺设上追求纹路自然、缝隙均匀，强调边缘、路口转角、墙角等位置的衔接模数，尽量做到不切割材料。

设计点睛 **3** **山林韵味**

在粗犷自然的托斯卡纳风情与典雅的中式园林之间寻找平衡点,通过整体的规划整治和改造,将建筑与景观很好地融合在一起,并塑造出一个富含山林韵味的私家别墅花园。

案例 ❷

唐人起居
Chinese living

项目地点: 唐山市
庭院面积: 12400 平方米
设计公司: 房木生景观设计（北京）有限公司

唐人起居的景观设计源起于设计师对住居空间的扩大思考，即认为一个社区，或者一个城市，是作为个人之"家"的外延。本案是一个商品居住楼盘的室外景观，设计师认为它更应该是"家"的一部分。

设计师的第一个动作，是将住居空间嫁移到室外。住居空间中的起居、卧室、书房、厨卫等四种空间被分别放置在楼盘四个楼间绿地上面。设计师的第二个动作，将已经外延的室内空间变为一种景观使用动词: 坐、卧、停、留，并将之形象化，形成室外家具的原型。根据四个景观使用动词与居住空间的对应关系，设计师又将点题的空间单元做了开放、半私密、半开放、私密的性质界定。结合由于地下车库带来的种植土厚度、采光等问题，设计师将景观地形母题设计为台形土台。至此，设计师将所设计的对象用文字做出了概述: 坐在廊下，卧在水上，停在山顶，留在林间。设计师做出了第三个动作: 诗化意境。根据诗化语言的阐述，本设计又深化了一层，特别是植物的种植设计，它在设计中有了依据。比如"坐"区的云形种植槽，"卧"区的一棵大油松，"停"区的元宝枫林，以及"留"区的招蜂引蝶花卉地被植物的种植，都有了一种水到渠成之感。

设计师的动词构思

设计点睛 1 将已经外延的室内空间变为一种景观使用动词：坐、卧、停、留，并将之形象化，形成室外家具的原型。根据四个景观使用动词与居住空间的对应关系，设计师又将点题的空间单元做了开放、半私密、半开放、私密的性质界定。

设计点睛 ②

土台的设计母题

根据四个景观使用动词与居住空间的对应关系，设计师又将点题的空间单元做了开放、半私密、半开放、私密的性质界定。结合由于地下车库带来的种植土厚度、采光等问题，设计师将景观地形母题设计为台形土台。

诗化的意境和语言

设计点睛 3

设计师将所设计的对象用文字做出了概述：坐在廊下，卧在水上，停在山顶，留在林间。设计师做出了第三个动作：诗化意境。根据诗化语言的阐述，本案设计又深化了一层，特别是植物的种植设计，它在设计中有了依据。

油松【科属分类】松科，松属

油松分布广，是中国北方广大地区最主要的造林树种之一。油松适应性强，根系发达，树姿雄伟，枝叶繁茂，有良好的保持水土和美化环境的功能。中国劳动人民栽培油松历史悠久，油松在北京无论是山区或平原到处可见，山区一般生长最好。在山区生长的油松，多在阴坡、半阴坡，土壤湿润和较肥沃的地方。

油松为阳性树，幼树耐侧阴，抗寒能力强，喜微酸或中性土壤，不耐盐碱。为深根性树种，主根发达，垂直深入地下；侧根也很发达，向四周水平伸展，多集中于土壤表层。油松对土壤养分和水分的要求并不严格，但要求土壤通气状况良好，故在松质土壤里生长较好。如土壤粘结或水分过多，通气不良，则生长不好，表现为早期干梢。在地下水位过高的平地或有季节性积水的地方不能生长。油松的吸收根上有共生的菌根，因此在栽培条件上有一定的要求。油松幼年树喜侧阴，种植密些生长较好，中年以后株行距要适当加大，过密生长不良，成为小老树。

案例 ❸

卡耐基·山房
Carnegie Sanbanggulsa

项目地点：美国 纽约
设计公司：Nelson Byrd Woltz Landscape

这里满是葱郁的绿色。植物的阴影落在地面上，墙面上趴着常春藤。一排银杏树将空间分成两个部分，加深了景深。铺装轻轻深入尽头，停在循环式壁泉前。旁边是超大的刺槐木支撑的编织凳，就像一个鸟巢一样，坐拥在苍翠的鸵鸟蕨和夫人蕨灯蕨类植物当中。

设计点睛 ①

银杏树巧分景

一层花园被银杏从中间分开。左侧是安静的角落，有着鸟巢一样的编织凳子。室内石材地板一直延续到花园深处的循环喷泉前。银杏作为"圣树"、"风水树"，一般只有很少的银杏立于庙堂或院头。银杏能充分代表古典优雅、清新宁静的特点，也代表着勤劳朴实，生生不息的精神。

住宅以"巢"为主题。这里主要为了业主育儿有一个优美的环境，同时让孩子认识黑头山雀、流莺等各种鸟类。虽然位于城市人口密集区域，但是通过一系列亲密尺度的梯台营造了舒适的空间，空间中也对材料、植物、尺度、细节进行了整体考虑。这片区域也是室内和城市空间的宝藏。底层的平台位于荫凉下，中层的儿童"学习"平台也拥有遮荫，顶层相连的两个平台则暴露在烈日和狂风中，植物丰富的季相反映着四季变迁并充当天然的空调庇护着住宅在这里的人们。

给孩子们的平台是一个亲密的，可以安全的发挥创意的花园。柚木条的垂直墙遮蔽附近住宅视线，同时固定在上面的大黑板与其他固定在墙上的植物形成有趣的对比。这里的常绿多年生植物让空间充满活力。铁护栏让孩子可以安全地看到地面的活动。

柚木档板鳞次栉比

设计点睛 2

四楼儿童花园,柚木档板挡住邻居视线,为儿童提供了一个安全的奇幻天地。天然的材料,天然的色调,总能是不错的选择。

设计点睛 3

垂直绿化秀身姿

六楼的垂直绿墙宛如艺术品。临近绿墙放置了儿童沙池。这里还在儿童接触不到的地方种植了草莓和药材。垂直绿化,是指充分利用不同的立地条件,选择攀援植物及其它植物栽植并依附或者铺贴于各种构筑物及其他空间结构上的绿化方式,包括立交桥、建筑墙面、坡面、河道堤岸、屋顶、门庭、花架、棚架、阳台、廊、柱、栅栏、枯树及各种假山与建筑设施上的绿化。

新颖的木栏可开启

设计点睛 4

可开启的柚木栏板，开启后可以看到附近教堂的尖顶。这种框景的手法是对传统造园特点的一大创新，用木栏栅这种材质的透光效果进行半框景效果处理，非常有味道。

设计点睛 5

丰富多彩的一层布置

俯瞰一层花园。材料色调丰富多彩，木材动态精致的细节。这是受到自然界鸟巢形态的启发。

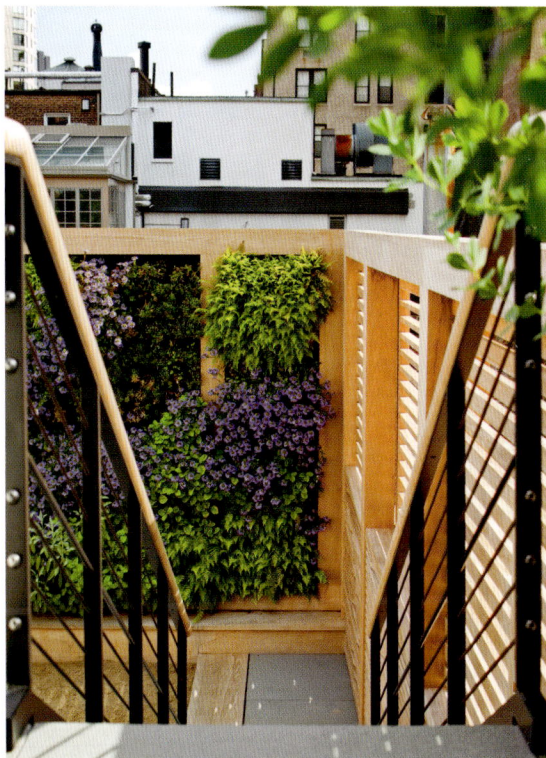

楼梯简约自然

设计点睛 6

青石踏步台阶连接着 6 层和 7 层的露台。运用回收的不锈钢缆绳、黑色油漆以及柚木制成了楼梯扶手。

设计点睛 7

地板的铺装引人注目

地板的铺装方式仿佛和附近教堂屋顶的石材连接在了一起。7 楼的植物主要是本地多年生芳香植物，还有一列河桦。河桦生长迅速，是优良的观赏树及行道树，又能防止水土流失。在湿润、排水良好的土壤上生长粗壮，但不能耐阴。对病虫害的侵袭比较有免疫力。

设计点睛 8

身处纯粹绿界

置身翠绿外观呈阶梯状的花园内部有着靠着花盆放置的低矮家具，让人身处纯粹绿界。7楼花园种植着各种各样丰富的多年生植物，为这里创造出一个完全的静谧世界。

设计点睛 ⑨

绿荫屏障

西侧的河桦树为花园提供了树荫，同时成为一个露台与城市空间的醒目屏障。

银杏树【科属分类】银杏科，银杏属

银杏为落叶乔木，4月开花，10月成熟，种子为橙黄色的核果状。银杏是现存种子植物中最古老的孑遗植物。和它同纲的所有其他植物都已灭绝。变种及品种有：黄叶银杏、塔状银杏、裂银杏、垂枝银杏、斑叶银杏。银杏树又名白果树，生长较慢，寿命极长。从栽种到结果要20多年，40年后才能大量结果，因此别名"公孙树"。银杏树具有欣赏、经济、药用价值，全身是"宝"。幼树树皮近平滑，浅灰色，大树之皮灰褐色，不规则纵裂，有长枝与生长缓慢的距状短枝。叶互生，在长枝上辐射状散生，在短枝上3～5枚成簇生状，有细长的叶柄，扇形，两面淡绿色，在宽阔的顶缘多少具缺刻或2裂，宽5～8（～15）厘米。雌雄异株，稀同株，球花单生于短枝的叶腋；雄球花成葇荑花序状，雄蕊多数，各有2花药；雌球花有长梗，梗端常分两叉（稀3～5叉），叉端生1具有盘状珠托的胚珠，常1个胚珠发育成发育种子。

设计点睛 ⑩ 自然的屏障

原生草本植物就是7楼露台世界和外面环境的半透明屏障。同时，从观赏者的角度来讲，还可以增强空间的私密性，保持生态的同时具有一定的功能感。

案例 ❹

欣欣之园
Showtime Garden

项目地点: 北京
庭院面积: 60 平方米
设计公司: 北京澜溪润景景观设计有限公司

南加州的风,贯穿庭院,地中海样的开阔廊架又凸显了特有的情调,庭院背墙上的镂空设计与装饰线条又是如此的曼妙,锈石铺装与西班牙风格的地砖在整个环境中展示了混搭风格的和谐之美。

简约的南加州风格庭院是本案的特点,庭院的功能空间规划了庭院的户外厨房区,开阔的空间可以提供多功能的活动场地,这里可以为主人提供就餐及休闲娱乐的空间,带有跌水景观的水池是庭院空间的视觉焦点,开放式的廊架将庭院的不同空间加以区分,围合庭院空间界面以新古典主义的装饰手法设计,空间造型简洁明快。

庭院的风格具有南加州及地中海样式的共同特点,主要体现在庭院背景墙上的装饰线条以及开敞的廊架,在这里采用大尺度的装饰线条与室外及室内的装饰手法相呼应,主景墙上的装饰壁炉完全被水景所代替,显得很特别;水池的造型以庭院的中心轴线展开,突出了南加州的特色。地面的铺装及墙面的装饰也突出了明显的风格特征,采用西班牙风格的红色地砖作为庭院的大面积铺装,给人以亲切的感受,庭院中一部分区域采用了锈石作为铺装,突出自然的情调并与总体的氛围相一致。

N

设计点睛 ①

廊架的气质

地中海风格颇为浓郁的廊架下，一切都显得那么浪漫和惬意，舒适感倍增。方柱之上的庭院灯更是将这种浪漫加以装饰，笼罩在一种神秘的浪漫气息之中。

设计点睛 ②

入口含蓄简约

复古的铁门后是简洁的庭院布置，褪去了繁复的装饰元素，留有典雅的廊架与庭院灯，赏心悦目。

阳伞下的休憩设施

设计点睛 ③

阳伞下，铁艺座椅与小桌子为院中休息提供了条件，也为庭院平添了几分生活气息。在这样的空间中，可以很清楚地体味周围环境的温馨与舒适。

设计点睛 ④

装饰感极强的水景

洁白大理石壁炉装饰内一组三只陶罐集水流动，袖珍小池有蓝色彩砖，地中海风格哪里少得了那诱人的蓝色与圣洁的白色。茂盛浓密的花池里，各种可爱的花卉竞相绽放。地面的铺装及墙面的装饰也突出了明显的风格特征，采用西班牙风格的红色地砖作为庭院的大面积铺装，给人以亲切的感受。

可圈可点的围墙镂空

设计点睛 **5**

鳞次栉比的镂空效果是用瓦片的有序堆叠形成的，与米黄色的墙面搭配起来更显安静。这样的装饰方式既朴实，又具有创新的特征。

设计点睛 **6**

露天厨房之趣

与整体色调极为统一的石砖灶台，为室外就餐提供了设施，有谁会放弃户外烧烤的乐趣呢？

玉簪花
【科属分类】百合科，玉簪属
玉簪花多年生草本植物。叶丛生，卵形或心脏形。花茎从叶丛中抽出，总状花序。秋季开花，色白如玉，未开时如簪头，有芳香。栽培供观赏。
因花夜间开放，芳香浓郁，是夜花园中不可缺少的花卉，还可以盆栽布置室内及廊下。成片种植玉簪花，更是发展旅游业的好项目。紫玉簪花7月上旬开花，盛花期约十天；白玉簪花八月仍开花，盛花期20天。
盆栽玉簪花，入夏后需移至遮荫处或北面阳台上，防止阳光直晒。其他生长季节放半光处，深秋之后放向阳处培养，对其生长和开花有利。玉簪花喜土壤湿润肥沃。地栽定植时要施入腐熟的厩肥作基肥，栽后浇足水。每次施肥后都要及时浇水，以保持土壤湿润，这样可促使叶绿花繁。生长季节遇天旱要注意经常浇水和松土，以保持土壤疏松和通气良好。盆栽要根据盆土实际干湿情况，适时适量进行浇水，以经常保持盆土湿润为宜。盆栽玉簪可于霜降后移入室内，室温维持在2～3℃，即可安全越冬，翌年4月出室。

21

案例 ❺

木色碧园
Wood color of the Park

项目地点: 上海
庭院面积: 22 平方米
设计公司: 上海溢柯花园设计事务所

一个迷你型的屋顶平台花园，建筑的外观是地中海风情的式样。花园设计的经典之处是环境的规划充分结合了场地的有限空间，营造出自然粗旷的庭院景观，用娴熟的设计技巧与空间相结合，选择适宜的植物及栽种方式营造丰富的景观空间。

在有限的场地空间中，如何利用空间增大绿化面积是设计的难点，本案的处理手法是个很好借鉴的案例。利用具有装饰性的木网片安装在墙壁上，增大了绿化的空间面积，采用悬挂及种植爬藤的植物，丰富了景观的视觉元素，同时也增加了种植的乐趣。天然松木制成的花池与总体色彩相统一。花池设计成可以移动的形式增加了使用的灵活性，可以根据不同的场景调换摆放的方式，进而改变空间的造型，起到调节气氛的作用。装饰植物的种类尽量以低矮的小灌木和草花为主。这样植物可以按照适宜的组合形式摆放，并可靠近建筑墙壁。这样做既能够避免植物被风吹倒，也不影响活动区域。如果您露台上有大面积的墙壁，爬藤植物将是个非常好的选择。

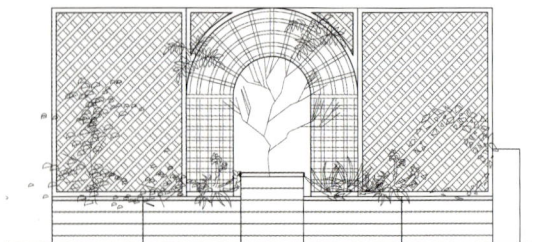

设计点睛 ①

装饰性的木网

利用具有装饰性的木网片安装在墙壁上，增大了绿化的空间面积，采用悬挂及种植爬藤的植物，丰富了景观的视觉元素，同时也增加了种植的乐趣，木片在造型上集合地中海风情的式样，突出了设计的主题，采用装饰小品点缀其中丰富了空间的情趣。

设计点睛 ②

自然本色

地面采用防腐木铺设，强调自然的本色，突出粗犷的性格特征，与墙面上的花片相协调，增强了空间的统一感。天然松木制成的花池与总体色彩相统一，突出自然的氛围。池内盛满的植物由花石榴、南天竹、八仙花、西番莲、美女樱、驱蚊草及薄荷等构成，形成丰富的景观层次，增加了欣赏的趣味性。

设计点睛 ③

自由摆放的花池子

花池设计成可以移动的形式增加了使用的灵活性，可以根据不同的场景调换摆放的方式，进而改变空间的造型，起到调节气氛的作用。

设计点睛 ④ **桌椅与环境的统一**

可以很好地融合进环境的木质桌椅设计可谓是绝配，木条拼制的效果充满了田园气息与欧式风情。

案例 ❻

碧玺园
Tourmaline Park

项目地点: 上海
庭院面积: 50平方米
设计公司: 上海热枋花园设计有限公司

从小受到的传统教育在心中烙下印记太深，业主一直认为，花园就应该像苏州园林那样，
水池假山，竹林环绕，弯弯曲曲，铺满卵石的小路，灰瓦红柱的亭子………真的是这样的吗？
而这个花园，给人感觉轻松惬意，色彩明亮，处处弥漫着浓郁的生活气息。

本案由水池、水景墙、活动平台（户外客厅）、烧烤操作台（户外厨房）、
围栏及储物箱组成，水池位置的布局，煞费了一番苦心，同时兼顾了来自花
园入口、活动平台以及主卧室三条观景视线，水池刚好处在三条视线的交汇处。
水景墙和活动平台都采用了清新自然而且质朴的青锈石板，中间用彩色釉面
砖作点缀，打破大片青灰石材的沉闷感。围栏的设计也很有特色，业主说她
从来没有见过这样的围栏，常见的围栏形式都是竖向的木条，连成片，顶部
做成圆形的，毫无新意，而且也并不美观。设计师打破常规，把大家常用的
竖向木条横过来，而且采用密拼的形式，旨在挡住花园外围公共绿化带里因
为保养不善出现的杂乱无章，围栏把这些不雅的场景全部挡在了花园外面。

设计点睛 ❶

入口处的安静氛围

温暖的光线中，低矮亲切的围墙与白色的石板铺装显得格外舒适，与之搭配的灌木植物郁郁葱葱，一小段木板铺装更增舒适感。

设计点睛 ❷

踏石而入

沿石板路步入庭院，豁然开朗，中间一处水景分外夺目。旁边还陪衬着瓦罐花坛，古朴生动的气息弥漫开来，温馨舒适，流水之声不时传来，窸窸窣窣地虫鸣带你回到青色的年代。三处流水的喷口复古雅致，面砖的色彩浑厚斑驳，充满了时间的痕迹与岁月的纹理，各种植物自然生长，茂盛拥挤，掩映在这片绿色之中。

设计点睛 **3**

碧水潺潺

三条细细的水柱缓缓流淌下来，在碧绿的池水中泛起洁白的水花，听着这细碎的水韵，心中便满是绿色的光芒。

设计点睛 **4**

夜景依然美丽

起到好处的照明，令环境顿生神秘之感，池边小坐，感受着阵阵凉风，巧妙的设计缔造了这样的享受。照明设计也做到了见光不见灯，诠释着西方人对于光的理解，与东方人的明亮崇拜不同，西方人善于让光作为一种引导，一种隐约的神秘。

设计点睛 ⑤

灯下小憩

木质家具突显了返璞归真的生活态度，自然美好的夜晚，灯下小聚，伴着星空与清风，体味最朴实的浪漫园景。吱吱呀呀的木椅之上，趴在桌上小憩，宁静温暖。

牵牛【科属分类】旋花科，牵牛属

牵牛花属于旋花科牵牛属，一年或多年生草本缠绕植物。这一种植物的花酷似喇叭状，因此有些地方叫它做喇叭花。种植牵牛花一般在春天播种，夏秋开花，其品种很多，花的颜色有蓝、绯红、桃红、紫等，亦有混色的，花瓣边缘的变化较多，是常见的观赏植物。果实卵球形，可以入药。牵牛花叶子三裂，基部心形。花呈白色、紫红色或紫蓝色，漏斗状，全株以夏季最盛。种子具有药用价值。

牵牛花约有60多种。常见栽培的有裂叶牵牛。叶具深三裂，花中型1～3朵腋生，有莹蓝、玫红或白色。圆叶牵牛，叶阔心脏形，全缘，花型小，有白、玫红、莹蓝等色。当前流行的大花牵牛，叶大柄长，具三裂，中央裂片较大，叶易长具不规则的黄白斑块。花1～3朵腋生，总梗短于叶柄，花大型，花径可达10厘米或更大，原产亚洲和非洲热带。本种在日本栽培最盛，称朝颜花，并选育出众多园艺品种，花型变化多样，花色丰富多彩，各地广为流行。

案例 ❼

朗香青园
Longchamp Green Park

项目地点：南京
庭院面积：110 平方米
设计公司：京品庭院－南京沁驿园景观设计

设计结合地形的特点，采用自由式的造型布局；庭院内设置了两个功能区，一个可供户外用餐的功能区，和一个可以打理园艺的休闲互动区。庭院采用简约的设计手法，再现了带有美式乡村庭院风格的景观环境，营造了轻松、温馨的空间形象。

在庭院空间的规划中，设计采用简约的设计手法，在每个功能区设计一个可以烘托主题的造型，户外活动区与建筑的室内空间相连，用室外防腐木制成的平台与室内地面采用一个标高的平台，这种设计手法将室内空间延展至室外，形成了室内外空间之间的相互交融，平台周边采用木质围栏围合，保证安全性。平台边的树篱高大，很好地屏蔽了外界的视线，为这里提供了很好的私密性。

在庭院的设计中，两个景观区之间采用红砖铺装汀步在草坪上，在色彩上形成统一感，休闲互动区的地面采用石材铺地，用圆形的放射状造型来铺装，给空间增添了动感，大面积使用的红砖材质在庭院空间中增强整体感，突出了设计风格。灵活的汀步造型使人在庭院中前行时充满动感，并联系了两个不同功能的景观区，方便实用。

设计点睛 ①

户外休闲功能区

采用红砖砌筑的装饰墙点缀其中，突出美式乡村自由、简约的设计手法，以简单的构建，替代并去除了多余的装饰，造型简单大气。

设计点睛 ②

墙上装饰

可移动装饰花盆，这些造型各异的造型由红土烧制而成，融入了地中海样式，为这个区域增添了动感。墙头中间摆放的装饰雕塑丰富了庭院的情趣，提升了环境的生动感。墙头前摆放的花岗岩花台，造型粗犷，力量感十足，突出了自然奔放、自由的性格气质。花台可以兼作操作台，装饰性与实用性有机结合在一起。

设计点睛 3

户外活动区与建筑的室内空间相连

用室外防腐木制成的平台与室内地面采用一个标高的平台，这种设计手法将室内空间延展至室外，形成了室内外空间之间的相互交融。

设计点睛 ④

红色陶罐

盛满的草本、木本花草装点庭院，营造出轻松自由的空间氛围。陶罐的颜色与质地都与小罐子相一致，整体的氛围烘托得很是惬意。

金鱼草【科属分类】车前科、玄参科，金鱼草属

又名龙头花、狮子花、龙口花、洋彩雀，龙头工化，为 玄参科金鱼草属多年生草本植物，常做一二年和一栽培。株高20～70厘米，叶片长圆状披针形。总状花序，花冠筒状唇形，基部膨大成囊状，上唇直立，2裂，下唇3裂，开展外曲，有白、淡红、深红、肉色、深黄、浅黄、黄橙等色。

常见品种有花雨系列，四倍体种，株高15～20厘米，分枝性好，其中双色种更为诱人。韵律系列，四倍体种，株高15～20厘米，分枝性强。甜心，株高15厘米，矮生杂种1代，重瓣花，杜鹃花型，花色丰富。小宝宝，株高30厘米，分枝性强，杜鹃花型，铃，株高20～25厘米，花蝴蝶型，其中红铃为新品种，在国际花卉市场十分畅销。

案例 **8**

西山翠馆
The Xishan Tsui Museum

项目地点: 北京
庭院面积: 150 平方米
设计公司: 北京率土环艺科技有限公司

设计师为庭院起了一个极其诗意的名字"小扣扉",灵感来源于入口处小小的木栅栏门。门是柴扉, 路是万径, 卵石是河流, 石头是闲山,小草是森林,花池是远山,这一切被远山包围着,滴水声如天籁般纯净。

有人说院子小限制思维,没什么可做的。画纸有多大?我们一样可以看到画家为我们画出无穷的天空和大地,也可以画出无穷的想象空间。院子再小,我们也可以在这里创造想象力,创造生命,创造生活。
入口处的"柴扉"是设计师着力打造的景观节点。柴扉小巧而精致,与木质花廊相连。入得门来,碎石拼铺的小路蜿蜒曲折,一侧是卵石铺地,沿墙布置了景天、萱草、百合、月见草等宿根地被。

设计点睛 ❶

考究的园路设计

不是什么罕见的青石板路，却见自然的纹理，两边的小草已经崭露头角，鹅卵石在旁边映衬，妙趣横生。

翠色傍道

设计点睛 ❷

路两旁的花草竞相绽放，小巧细密点缀其中，一块枯石一方园地依然充满生机。整齐的篱笆围绕在旁边，植物是景，需有界。

设计点睛 ❸

日式庭院的风味

古旧的石灯笼下，一处袖珍水景，流出曼妙的涟漪，沙石绿意依旧心旷神怡。竹筒的装置起到了很好的导水作用和装饰作用，试想一下，如果用铁管道的情况，自然不言而喻小景，丰富自然，乐趣无穷。

设计点睛 4

小院的惬意

木台子上，应有的设施齐备，纵然骄阳似火，却也能享得清闲，即便面积不大的小庭院却也惬意舒适。支起阳伞，度过整个悠哉惬意的午后。

玉簪【科属分类】百合科，玉簪属

玉簪是较好的阴生植物，在园林中可用于树下作地被植物，或植于岩石园或建筑物北侧，也可盆栽观赏或作切花用，花期是6～9月。现代庭园，多配植在林下草地、岩石园或建筑物背面，正是"玉簪香好在，墙角几枝开"。也可三两成丛点缀于花境中。因花夜间开放，芳香浓郁，是夜花园中不可缺少的花卉。

宿根草本。株高30～50厘米，叶基生成丛，卵形至心状卵形，基部心形，叶脉呈弧状。总状花序顶生，高于叶丛，花为白色，管状漏斗形，浓香。花期6～8月。同属还有开淡紫、董紫色花的紫萼、狭叶玉簪、波叶玉簪等。性强健，耐寒，喜阴，忌阳光直射，不择土壤，但以排水良好、肥沃湿润处生长繁茂。

对于能用手或其他工具夹起来的种粒较大的种子，直接把种子放到基质中，按3厘米×3厘米的间距点播。播后覆盖基质，覆盖厚度为种粒的2～3倍。播后可用喷雾器、细孔花洒把播种基质淋湿，以后当盆土略干时再淋水，仍要注意浇水的力度不能太大，以免把种子冲起来。

案例 9

紫金君园
The Zijin Jun gardens

项目地点: 南京
庭院面积: 80 平方米
设计公司: 京品庭院 - 南京沁驿园景观设计

一个带有中国古典园林特色的庭院花园设计项目, 在方寸之地营造带有中国文化特色的作品。且看那墙上的浮雕, 青灰的墙壁, 还有木质的漏窗, 都是民族的符号与烙印。

在这个案例的设计中, 充分结合了建筑设计的特点, 将庭院围墙与建筑的外墙作为空间设计的围合界面, 根据不同空间的尺度设计景观的形式, 突出简洁明快的性格特征。庭院造景的手法采用中国传统文人山水画的构图方式, 在临近室内主要空间的部位设计了叠山的造景, 山石的构图完全采用了传统绘画的风韵, 体现了灵气、秀美的特点, 叠山的旁边运用竹林作为陪衬, 叠石与水潭相接构成了一幅美丽的山水画作品。白色围墙作为背景, 衬托出景观的小巧及秀美。

设计点睛 ❶

中国的元素

金属的门环，少不了两个石墩伴左右，木门还有铆钉鳞次栉比地镶嵌。复古之中，满是中国文化的元素与符号。

设计点睛 ②

开门见景

假山石后，设计感极强的背墙展示了灰瓦白墙的提炼符号，极具代表特征。开门见景，叠石也都是非常考究，背景墙的装饰感极强。

竹林衬景

设计点睛 ③

转角处的竹林安设, 弥补了空间的不足, 也为边角增添了生机, 虽不是郁郁葱葱, 但更具有朦胧的禅意, 壁灯也是复古的韵味。

苏铁【科属分类】铁苏科, 铁苏属

又称: 铁树, 另称避火蕉。因为树干如铁打般的坚硬, 喜欢含铁质的肥料, 所以得名铁树。另外, 铁树因为枝叶似凤尾, 树干似芭蕉、松树的干, 所以又名凤尾蕉。铁树属常绿植物。茎干都比较粗壮, 植株高度可以达到8米。花期在7～8月, 雌雄异株, 雄花在叶片的内侧, 雌花则在茎的顶部。喜强烈的阳光、温暖湿润的环境。要求肥沃、沙质、微酸性、有良好通透性的土壤。耐寒性较差, 多是栽种在南方。

苏铁为世界最古老树种之一。树形古朴, 茎干坚硬如铁, 体型优美, 顶生大羽叶, 洁滑光亮, 油绿可爱, 四季常青。制作盆景可布置在庭院和室内, 是珍贵的观叶植物。苏铁老干布满落叶痕迹, 斑然如鱼鳞, 别具风韵。盆中如配以巧石, 则更具雅趣。

设计点睛 ④ **简洁的方砖铺设**

草坪之上，洁白的石质方砖沿屋铺设，简洁自然，草坪碧绿，清新喜人。茂盛而浓密的碧草长满庭院，可见主人的园艺功夫了得。

设计点睛 **5**

传统纹样的浮雕

龙纹浮雕最能代表中国文化的韵味，在墙壁之上更有融合之感，融入进整个环境之中，文脉凸显。龙原是一种图腾，但它又与其他图腾有区别。它最初可能是一个部落的图腾，后来演变为超部落、越民族的神，成为中华民族共同敬奉的、延续时间最长的图腾神。

案例 ⑩

林趣燕南园
Forest Fun Yannan

项目地点：上海
庭院面积：65 平方米
设计公司：上海溢柯花园设计事务所

面积不大的院内，植物掩映，木质的铺装，让雨后的院内自然清新，走过木桥目之所及的是桥下的鱼池，更突显了田园情调，彩色瓷砖碎拼装饰下的整体石凳在这个环境中显得非常夺目，也调节了整体氛围，林趣燕南园，悠然见南山。

该案由小面积下沉式和屋顶小花园构成，从主人要求出发，营造极具私密性和观赏性的居家花园氛围。主顾先生要求下沉式花园需有水池，可养鱼，以纯观赏性为主；而主顾太太对屋顶小花园的期望则是庭院能具有西班牙的风格，植物以熏香类为主。

L 型露台花园主要满足主顾太太的需求，庭院地坪由黄木纹砌就，庭院入口一侧设有屏风，在此三五亲友可小聚；另一侧则设置弧形矮墙，矮墙外侧栽有绿意盎然的熏香类植物，庭院内侧有一只木质藤架，既可使植物攀爬生长，又可起遮阳效果。从下沉式庭院到屋顶花园，该案整体以主人私密性需求为主，营造出较为宁静而精致的别墅花园气质。

设计点睛 1

巧妙的室内外衔接

庭院在室内设两处出入口，书房内可览庭院既有水池的生机，又不失庭院私密安静的氛围，地面上方拾级而下可进入下沉式庭院，以方便出入。庭院结构层次丰富，绿植栽种丰富恰到好处，一眼喷泉，一方小池，四季如春。

设计点睛 2

溪坑石围边展现田园之趣

设置了不规则水池，巧设一处跌水，水池上方架有围栏防护的木质小桥，水池边侧采用溪坑石围边，延边三五植被点缀一侧。

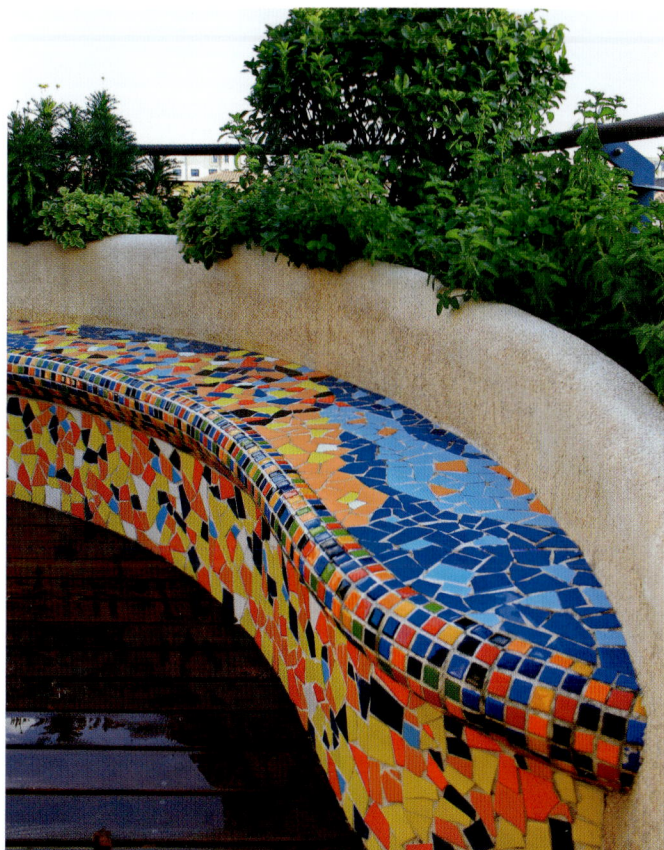

设计点睛 3

亮丽碎拼，营造彩色风尚

矮墙延边则采用西班牙风格的马赛克碎拼户外连体座椅，植物、矮墙、座椅，形成一道较为亮丽的庭院风景线。各种设施完美搭配，环境雅致宜人，虽然亮丽，却不显张扬。

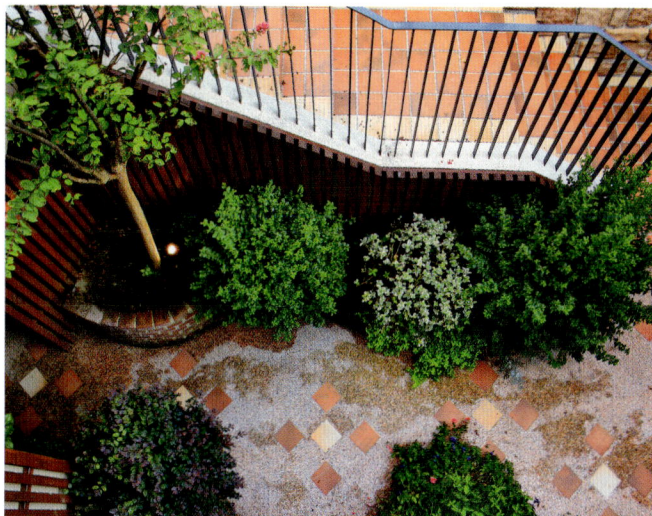

设计点睛 **4**

考究的木质铺装

脚下的木板与碎拼的石材令人充分感到自然的呼吸，柔美的弧线与整齐的木地板形成呼应，有张有弛，有收有放。

设计点睛 **5**

阳光下的精致小院

有疏有密的植物安置，凸显节奏与秩序，白色的树池简洁明快，安静中透出温馨。尤为引人注目的就是那高高的栏栅遮板，暗红色的调子很搭配这样的环境，正好为前面的红枫树起到了陪衬作用，湿漉漉的木地板，耀眼的夕阳，温暖、舒适、惬意、迷人。

别致的小水池

设计点睛 ⑥

小水池方便日常打理与清洁，同时也为植物洒水提供了一个水源。小池里的鹅卵石也非常好看，与环境巧妙搭配。

小叶黄杨【科属分类】黄杨科，黄杨属

小叶黄杨用扦插繁殖可随时进行，但以夏季采用当年生长的嫩枝条作插穗成活率高。用砂质土壤作扦插基质，把插穗基部削平，斜插入插床中，以利于透气、透光。插完后，插床上要搭棚遮荫，防止太阳光直晒，经常喷水保持湿润即可。当年扦插的小苗根系不发达，易受冻害，冬季可用杂草或塑料薄膜覆盖保护越冬。

种子一般在 10 月份成熟。小叶黄杨的种子经春化阶段而具有隔年发芽之特性，因此种子采集后应用较湿润的砂埋藏，到翌年春再翻出种子播种于砂质土中。小叶黄杨种子不可晒干存放，蒴果秋季成熟，晾干后 3 瓣裂，脱出种子。不宜日晒，宜混干沙储藏至翌年春播。实生苗生长极缓慢，生产中多用扦插育苗。于早春新叶抽出前剪去 1 ~ 2 年生嫩枝，作带叶插穗，下端浸 NAA 或 IBA 溶液后，插入湿沙床内。床面保持稀疏光照，喷雾保持湿润，约一个月可发根，2 个月左右移植入圃地培育。第一年夏秋季需适当遮荫，第二年以后，可一般管理。

案例 ⑪

峰景田园
Deco pastoral

项目地点：广东 东莞
庭院面积：300 平方米
设计公司：广州 · 德山德水 · 景观设计有限公司

尝试一种"野趣"的设计风格，景观设计涵盖了一系列的理念，自然、休闲、大胆、不拘一格，烘托出了项目独特的气质。设计师精心挑选了适宜场地气候的种植，巧妙处理了场地内的高差变化，打造了一处流畅、完整的环境。

花园是休闲空间与 SPA 空间，业主期望有朋友聚会的大空间。在场地规划时这里设置了休闲区和大片的草坪作为功能的需求之用。在院子的一个角落设计了净水造型的水池，水池与档墙一侧演变成叠瀑，增加了空间的动感；院子中设计的自然形状的水池可以映射天空的变化，成为院子中的风景装置，将整个院子装点得更加绚丽。庭院设计中对环境的敏感性和可持续发展比较重视，通过档墙限定场地的边界，以减少对场地周边环境的干扰，由当地石头砌筑的样式使得庭院及住宅成为这里大自然的一个部分。

庭院种植浓密，郁郁葱葱，充分表达了设计师对"野趣"这一主题的阐释。在高差丰富的场地内，设计师创意地打造了一系列相互连接的花园庭院。一面蓝灰色的景墙巧妙地将车行与庭院的空间分隔，景墙一直延伸到别墅的前方，环抱建筑。入口处的台阶由大块的玄武岩铺设而成。后花园入户前设有一个木平台，是住户休憩和餐饮的惬意空间，绿意盎然。

设计点睛 1

水落石出

潜水环绕之中，假山石堆砌水中，盆景依依，草地植物如岛般位居其中，各种植物自然相伴。"野芳发而幽香，佳木秀而繁阴，风霜高洁，水落而石出者，山间之四时也。"

设计点睛 2

黄石伴水的驳岸

这种驳岸形式简单自然，石趣、花木、池水相应生辉。自然简约的砌石驳岸很具有代表性，用石块对园林水景岸坡的处理是园林工程中最为主要的护岸形式。它主要依靠墙身自重来保证岸壁的稳定，抵抗墙后土壤的压力。驳岸结构由基础、墙身和压顶三部分组成。园林中驳岸是园林工程的组成部分，必须在符合技术要求的条件下具有造型美，并同周围景色协调。

设计点睛 ③

池中锦鲤畅游

如此自然清幽的园子怎能缺少畅游的鱼儿，美丽大气的锦鲤是再合适不过了，池中尽情摇曳，舞动身姿。

含蓄内敛的跌水

设计点睛 ④ 无论是堆石还是绿植无不体现出自然之感，就连跌水也是潺潺溪流，含蓄内敛，耐人寻味。仔细观察还能看到小的雕塑和摆设，安放期间，能给人以不经意的喜悦。

花叶蔓长春藤【科属分类】夹竹桃科，蔓长春花属

形态：叶对生，卵形或心脏形，单花生于叶腋间，花色紫红，5 枚花瓣呈五星状排列，形似小喇叭。其花、叶和花蔓均美而雅致，尤适宜盆栽置于室内莳养和观赏。它四季不凋，尤为严冬不可多得的佳品。

用途：适于作地被植物，与一些叶色较深的地被植物配植成色块，也可垂吊，用于立交桥和花坛边缘的垂直绿化。

案例 ⑫

润泽园
Moist garden

项目地点：北京
庭院面积：170 平方米
设计公司：宽地景观设计有限公司

满眼的绿色、木色，满目的清新、淡雅。不论是整体风格的温暖舒适，还是细节小景的别致精心，都是本案的看点与亮点。傍晚，点起那盏铁艺小灯，游园畅想。

本案在总体规划中充分结合庭院空间尺度，对生活空间的功能进行了合理化改造，将不同功能空间集中设置，使得庭院看上去更加规整、有序。庭院内的视觉设计统一而富于变化，打破了狭窄空间形成的压抑感。庭院的细节设计丰富，与庭院造型之间的搭配统一而协调，突出了设计的整体感。
本案在原有庭院的基础上，改造后用黄木纹石材质镶嵌表面，并用木质的菱形装饰网片点缀其间，网片上点缀的绿植活跃了这里的氛围，依附此处的墙体设计了一个水景，作为庭院用水的取水点和装饰，观赏与功能巧妙地整合。紧邻客厅的室外空间被改造成休闲聚会的平台，方便客厅的出入，在院子的另一端设计成植物花坛，变身成庭院的怡人小景，突出怡然自得的浪漫气氛。

设计点睛 1 **园径清幽**

整齐的方砖铺路，青草茂密，与之相配的是褐色的木材装饰，配电箱、空调室外机都包裹得恰当得体，与环境融为一体。

设计点睛 2

复古的水景

砖砌的拱门浮雕，与下边的陶罐色调般配，水池虽小，但却妙趣横生。通常，"地中海风格"，都会采用这样几种设计元素：白灰泥墙、连续的拱廊与拱门、陶砖、海蓝色的屋瓦和门窗。当然，设计元素不能简单拼凑，必须有贯穿其中的风格灵魂。地中海风格的灵魂，目前比较一致的看法就是"蔚蓝色的浪漫情怀，海天一色、艳阳高照的纯美自然"。

设计点睛 3 **园径的形式**

圆石铺道，两边的围栏映衬下，树梢上花朵盛开，烂漫怡情。果树在两边相伴，围栏的形式也与环境十分协调，衬托出景色的优美，入口门旁的石雕趣味十足，枝枝蔓蔓的植物也难掩喜爱之情，令人忍俊不禁。

屋外墙根下的绿色

设计点睛 4

墙根下的植物竞相生长，裸露的土壤更显自然野趣，碎石之中一抹绿色悄悄长大。伴随植物的开花结果，一年四季的变化，时刻都能在植物上得到体现。

番茄【科属分类】茄科，茄属

番茄，别名西红柿、洋柿子，古名六月柿、喜报三元。可以生食、煮食、加工制成番茄酱、汁或整果罐藏。番茄是全世界栽培最为普遍的果菜之一。

番茄为茄科草本植物，包括有限生长型、半有限生长型和无限生长型。条件适宜时可多年生长。植株高 0.7～2 米。全株被粘质腺毛。茎为半直立性或半蔓性，易倒伏。茎的分枝能力强，茎节上易生不定根，茎易倒伏，触地则生根，所以番茄扦插繁殖较易成活。花为两性花，黄色，自花授粉，复总状花序。花 3～9 朵，成侧生的案伞花序；花冠黄色，辐射状，5～7 裂，直径约 2 厘米；雄蕊 5～7 根，花药半聚合状，或呈一锥体绕于雌蕊；子房 2 室至多室，柱头头状。果实为浆果，浆果扁球状或近球状，肉质而多汁，橘黄色或鲜红色，光滑。种子扁平、肾形，灰黄色，千粒重 3.0～3.3 克，寿命 3～4 年。花、果期夏、秋季。根系发达，再生能力强，但大多根群分布在 30～50 厘米的土层中。

案例 ⑬

金地格林
Golden Green

项目地点：中国 上海市
项目面积：60 平方米
设计公司：上海热枋花园设计有限公司

大城市的生活节奏太快，工作和睡觉已经占去了每天 24 小时的 70%，还需要充电继续学习，应酬等等，剩下的时间就少得可怜。见到过各种类型的"懒人花园"，大约是因为花园的主人自己没有时间，人工又很贵，所以大家一起发明了许许多多可以节省人工的造园办法。

本案中，业主很少有时间花费在花园的打理上，所以希望这个花园建成后不需要过多的维护，简单浇浇水就可以了。花园 60 多平方米，朝南，南面东面邻小区道路，西面是邻居，地块形状较为方正，从使用角度来说是非常好的。不足的一面在于两面邻路，而且围墙较低，隐私保护不够理想。

言归正传，在这个花园里，从以下几个方面做到低维护：

第一、舍弃了草坪，免去了每周都要修剪草坪的烦恼。而且上海特有的梅雨天，如果排水不畅的话，草坪就会大面积烂根枯黄，是极难看的。改用沙砾地和嵌草地坪，这两种地坪都很环保，雨水可以原地下渗。

第二、在植物选择上，都选用了耐寒耐干旱的植物，以小型灌木和木本花卉为主，仅少量配置一二年生草本。木本植物生长相对缓慢而且稳定，不需要频繁做调整。

这个院子通过水系划分区域，正南的一块作为客厅对应出去的对景，主要是观景的，西南边的一块设计成岛状，作为家庭户外活动区。

设计点睛 **1** ## 户外对景

这个院子通过水系划分为区域，正南的一块作为客厅对应出去的对景，主要是观景的，西南边的一块设计成岛状，作为家庭户外活动区。

设计点睛 ②

不容忽视的野餐设备

三面环水，岛上有户外料理台、户外壁炉，水池案台齐备，下面设置有储藏空间、炊具可方便存放，围墙采用木格栅整体色调和谐，花坛树池配套安设增添乡野气息。再增加一套户外沙发，就可以满足家庭在花园里喝茶、聊天、读书等休闲活动了。

设计点睛 ③ 儿童娱乐的沙地

西北边独立划分一块，以沙地为主，等女儿稍稍长大一些，可以在这里放置一套秋千，成为一个专门供她活动的专享区域。

荷花【科属分类】莲科，莲属

荷花，又名莲花、水芙蓉等，属睡莲科多年生水生草本花卉，地下茎长而肥厚，有长节，叶盾圆形。花期 6～9 月，单生于花梗顶端，花瓣多数，嵌生在花托穴内，有红、粉红等多种颜色，或有彩文、镶边。荷花种类很多，分观赏和食用两大类，荷花果实椭圆形，种子卵形，全身皆宝，藕和莲子能食用，莲子、根茎、藕节、荷叶、花及种子的胚芽等都可入药。

其出淤泥而不染之品格恒为世人称颂。陈志岁《咏荷》诗曰："身处污泥未染泥，白茎埋地没人知。生机红绿清澄里，不待风来香满池。"

"荷"被称为"活化石"，是被子植物中起源最早的植物之一。在人类出现以前，大约十亿年前，地球大部被海洋、湖泊及沼泽覆盖。当时，气候温湿，高达数十米的蕨类植物遍布地球各个角落。大部分种子植物无法生存，只有少数生命力极强的种子植物生长在这个恐龙、蕨类植物称霸的地球上。其中，有一种今天我们称为"荷花"的水生植物，经受住了大自然的考验。

案例 ⑭

汇程庭院
Exchange process courtyard

项目地点：沈阳
庭院面积：50 平方米

这个庭院规划本身是一个非常有趣的故事，单凭图片显示的景观环境，人们很难猜出建筑的周边是被四车道的街道所环绕，并且位于高原景观公园之中，基地内的环境及形象的设计被严格的法规所限制，不能够破坏周边的环境，同时又要满足业主的心理需求。如何从客户的角度出发来设计这个庭院成为这个项目的挑战。

内敛及静谧的庭院空间是这个项目的主人所追求的目标，项目设计前期设计师对客户的生活习惯及生活方式进行了认真而仔细的研究，并站在客户的角度对基地内的环境及功能做了认真而细致的规划；舒适的空间环境成为设计的主要目的，这个项目规划了一个日式风格的庭院，包括由大型卵石铺装而成的水岸、种植有绿草的台阶等景观元素，为主人打造了一个精致而舒适的环境空间。

庭院中设有两处木质平台，圆形平台较大，作为会客区，周围植物环绕，又有高大乔木遮阴；方形木质平台上放置摇椅，供家人休憩，视野开阔；花池采用石砖堆砌，自然质朴，富有趣味；景墙青石叠加，大大增加了美观度；园路两边辅以景天、萱草等多年生草本植物，保证了其色彩艳丽、风景多变的特点。

设计点睛 ①

别墅前的方形场地

看似浪费空间的设计避免了门前积水与泥泞，铺装形式也是大气规矩。细看边界处还有低矮精致的木枝围栏，可谓精巧内敛。

设计点睛 ②

围墙与园路

围墙的叠石效果与园路的禅意，突出了日式庭院的特点，别墅前的园路更是典型的代表。花池采用石砖堆砌，自然质朴，富有趣味，景墙青石叠加，大大增加了美观度；园路两边辅以景天、萱草等多年生草本植物，保证了其色彩艳丽、风景多变的特点。

设计点睛 ③ 花丛树影绕水景

树桩样的花池自然围出了一方水景，中心的雕塑亭亭玉立。不大的水景之中，具备很强的装饰效果，令人有玩耍其中的欲望。

设计点睛 ④

木台上的惬意

淡黄色的木质台上，不俗的园椅可供多人摇曳，同享这份悠闲。庭院中设有两处木质平台，圆形平台较大，作为会客区，周围植物环绕，又有高大乔木遮阴；方形木质平台上放置摇椅，供家人休憩，视野开阔花池采用石砖堆砌，自然质朴，富有趣味。

野百合【科属分类】蝶形花科，野百合属

一年生直立草本，高 20～100 厘米，被紧贴稍长的毛，毛略粗糙。单叶，线形或披针形，野百合叶片大小变化很大，长 2.5～8 厘米，阔 0.5～1 厘米，两端狭尖，先端通常有束状毛，上面略被毛或几无毛，下面披丝光质毛；几无叶柄，托叶极细小，刚毛状。总状花序，顶生或腋生，有花 2～20 朵，花朵密集一起。苞片及小苞片极相似，线形；花梗极短，结果时下垂；花萼长 10～15 毫米，密被棕黄色长毛，萼齿先端尖；花冠蝶形，紫蓝色或淡蓝色，约与花萼等长，旗瓣圆形，翼瓣较旗瓣短，倒卵状矩圆形，龙骨瓣与翼瓣等长，内弯，具喙；雄蕊 10，单体，花药 2 型；子房无柄，花柱细长。荚果无毛，长圆形，约与花萼等长；种子 10～15 颗，花期 9 月。生长形态：亚灌木状草本，高约 1 米；茎、枝被伏贴柔毛。

野百合主要生长于山脊中下部坡度较大的草丛、低矮灌木丛及石缝中，生长较分散。土壤是由落叶沉积腐烂形成的腐殖质土，但很薄。由于重庆降雨多或有山泉，野百合在较薄的土层中依然可以得到充足的水分。由于土壤薄，杂草与灌木生长不高大，野百合可以生长 2.5 米，所以在争夺阳光中百合占优势。野百合的茎生根特别发达，1 株百合可以扩展 1 平方米有余，所以在陡坡上也能牢牢地固定。

案例 ⑮

茶园品亭
The tea plantations product booths

项目地点：英国 伦敦
庭院面积：32 平方米
设计公司：STUDIO LASSO

竹影婆娑，映在大面积的磨砂玻璃墙上，石雕小亭旁，白沙黑各种草木竞相生长，这一切的一切都是那么的安静，禅意芬芳，在日式庭院的整体氛围中，源竹筒而下的溪流缓缓流入原石挖出的水景之中，几片鲜艳的落叶成了夺目的点缀，温文尔雅，淡淡暗香。

景观包括很多不同的方面，如一个地区的历史、地理、地形和社会。在概念设计阶段，我们尊重场地的地方特性，加强地区的特色。

我们所采用的主要方法就是对景观的基本三维要素 —— 光（火）、风、水和土进行设计，并将其形象地表达出来。通过在空间中加入一些与个人经历相关、深藏在某个人心中的四维元素，如时间和记忆，空间也可以成为一个艺术作品。

在空间营造方面，我们对自然和美感采用了细腻的设计手法。我们志在通过对日式传统庭院的诠释及日式传统庭院的理念和技能的结合，打造出当代景观设计的新典范。

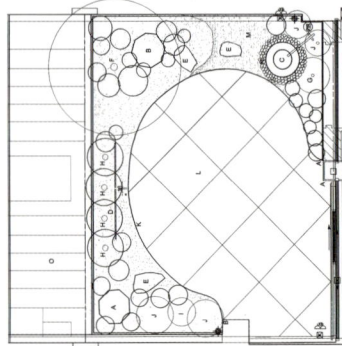

设计点睛 ❶

中央的空场

院中面积虽小，但却出人意料地保留了大面积的空地，各色植物小景环绕四周，满眼都是那令人舒心的绿色。

设计点睛 ❷

磨砂玻璃的恰当遮挡

半围的磨砂玻璃后面是一小片竹林，被玻璃遮挡的部分映出了竹影细细，相伴而生的石雕庭院灯，含蓄古朴，美意悠远。由于表面粗糙，使光线产生漫反射，透光而不透视，它可以使室内光线柔和而不刺目。常用于需要隐蔽的小景、办公室的门窗及隔断，使用时应将毛面向窗外。

禅意水景

设计点睛 ③

竹筒中清泉流下，大石钵内水满则溢，慢慢渗入白沙卵石之间，仿佛可以听到泉水叮咚，闲花落地。

肾蕨【科属分类】骨碎补科

肾蕨也称蜈蚣草，这是因为它的大型羽状复叶形似蜈蚣而得名。肾蕨有两种茎，一种是根状茎，深入土中，其上生有不定根。伸出地面的根状茎顶端，丛生羽状复叶。幼叶的顶端拳卷，是这类植物的特征。另一种茎是平行地面上的匍匐茎，匍匐茎的顶端可再深入土中，形成球茎，匍匐茎和球茎都有营养繁殖的能力。茎结构很复杂，从横切面上看，可以看到有很多同心圆的维管束，它们是由木质部和韧皮部组成，木质部中有管胞；韧皮部中有筛胞。它的叶片结构与双子叶植物的叶片非常相似，叶肉组织由栅栏组织和海绵组织组成。

肾蕨为肾蕨科肾蕨属的陆生或附生植物，株高约50厘米，叶浓绿直立丛生，叶片深裂，形似蚂蚁，故有蜈蚣草之称。其形态自然潇洒，很受养花者喜爱，故在国内外栽培者甚多。其地下块茎还可入药，在中药中称为马阳卵，可治感冒咳嗽、肠炎痢疾、烫伤、刀伤等。此草原产热带及亚热带地区，我国南部诸省都有野生，常见于溪边林中或岩石缝内或附生在树木上。性喜温暖较荫蔽的湿润环境，怕烈日，畏寒冷，适宜于生长在富含腐殖质排水良好的土壤中。

案例 ⓰

英伦风情园
Style garden of England

项目地点：中国 上海
庭院面积：60 平方米
设计公司：上海热枋花园设计有限公司

Sarah 是热枋花园的植物配置师，她的那座英国乡村风格花园曾经引得无数花园控们前来参观，各大园艺杂志媒体竞相报道，这让 Sarah 自豪了好一阵子。但是时过境迁，近年 Sarah 改变了主意。为什么？

打理这样的一座花园实在太费时费力了，虽然才 60 多平方米，却不得不每天消耗至少一个小时，浇水、修剪、割草、驱虫，稍一懈怠，它立马还你颜色。
　　"如果我把草坪去掉，会不会大大减少工作量呢？"有一天她坐在花园里盯着脚下这片绿油油的草坪想到，"确实有些不舍，但是至少不用浇水了，也不用修剪，更不用担心草坪变黄，生虫，蚯蚓钻出的洞眼等等问题，为何不尝试使用沙砾或者吸水性较好的火山岩颗粒呢？"说干就干，不出三天的时间，花园立马彻底变了个样。绿色的植物有了金黄色的沙砾打底，色彩互相映衬，跟以前是完全不同的感觉！
一个典型的英伦风情式的花园造型，主要是通过草本的植物来点缀，运用植物本身的形态及色彩来装饰庭院，使得庭院中充满了乡野的情趣。庭院空间的组织是平面化的，尽管如此，运用不规则的边界及自由的曲线来模拟野外自然状态下的空间形态，为庭院营造了生动的情趣，暖色的沙石铺地与绿绿的植物之间形成了强烈的对比。

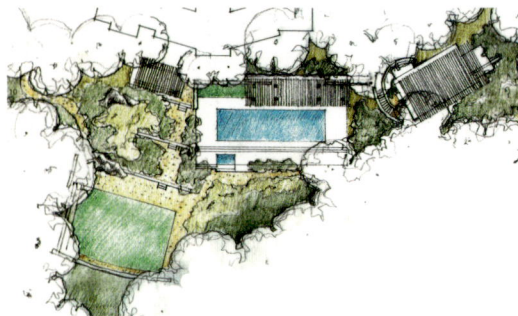

方便打理的设计

设计点睛 ① 吸水性较好的火山岩颗粒，不用修剪，更加不用担心草坪变黄、生虫，蚯蚓钻出的洞眼等问题。

黄金沙地

设计点睛 ② 绿色的植物有了金黄色的沙砾打底，色彩互相映衬，跟以前是完全不同的感觉！

设计点睛 ❸

大块铺装的园径

落落大方、极简主义的感觉与英伦范儿完美搭配，协调统一，正方形的透水砖铺装在沙石间作为色块形成了平衡环境空间的作用，还有，就是方便打理吧。行走于院径之上，游离于草木之间。浅色的沙石，大块的铺装碧绿的草色各色小花竞相绽放，点缀其间艳丽精致，孕育着春夏的喜悦。

设计点睛 ④

美女樱

尤其是紫色的美女樱，与黄金沙刚好构成一对互补色，这真是个意料之外的惊喜！

美女樱【科属分类】马鞭草科，马鞭草属

美女樱是一年生草本花卉，其恣态优美，花色丰富，色彩艳丽，盛开时如花海一样，令人流连忘返。美人樱株丛矮密，花繁色艳，开花部分呈伞房状，花色有白、红、蓝、雪青、粉红等，花期为 5 ~ 11 月，性甚强健，可用作花坛、花境材料，适合盆栽观赏或布置花台花境。也可作盆花成大面积栽植于园林隙地、树坛中。同属常见栽培种有加拿大美人樱、红叶美人樱、细叶美人樱等。全草可入药，具清热凉血的功效。

栽培技术

为了让盆栽美女樱青枝绿叶，开花不断，花繁色艳，在养护中要注意：

①盆土选择。盆栽基质宜选用疏松、肥沃、排水性能好的培养土，栽种前盆底要施入腐熟的有机肥和一些过磷酸钙为基肥。

②浇水与施肥。由于美女樱喜肥、喜湿润，除了施基肥外，在生长期每月需追施稀薄的液肥。盆土要保持湿润，但浇水不宜过勤，否则会引起基叶徒长或枯萎，影响孕蕾和开花。冬天盆土要偏干些为好。

③摘心与修剪。当幼苗长到 10 厘米高时需摘心，以促使侧枝萌发，株型紧密。同时，为了开花不绝，在每次花后要及时剪除残花，加强水肥管理，以便再发新枝与开花。

④光照与更新。美女樱是喜光植物，在生长期间要放在阳光充足处培养，霜降前要搬到室内阳光处。母株易老化，需每 2 年更新 1 次。

案例 17

春之花园
Spring Garden

项目地点: 上海
庭院面积: 45 平方米
设计公司: 上海溢柯花园设计事务所

藤蔓爬镂空木质满围栏,生机勃勃,鱼翔浅底,小池碧波,春意盎然。室内与露台进行有机整合,结构优化相互融合,营造出互动的露台景观特色,在保证私密性需求的基础上,提供了休闲功能性与观赏性俱佳的都市型私家小花园景观。

设计点睛 ①

白色木栏装饰

面对卧室一侧的露台户外采用白色的木片装饰格栅,突出靓丽的色彩,地面采用木质的平台,增强空间自然气息。在露台周边采用 2 米高的木网片作为与外界的区隔,增强空间的私密性,并与建造主体风格形成协调统一。不论是色调,还是木质的质感,都是对田园风格地诠释和点缀,当然,还有吊盆植物在木网上的装饰。

本案原为多层复式公寓的楼顶南北露台,南庭院场地狭长,空间感较为压抑;北庭院中有一玻璃外观的户外 SPA,须充分考虑私密性。规划后的庭院景观体现了在小面积露台基础上拓展室内空间与花园空间之间的融合性,并营造出集私密性、功能性及观赏性于一体的露台花园生活。

本案的南露台与建筑的卧室相连,露台的进出需要从卧室出入,结合场地的实际情况,将南露台的功能分区划分为两种功能,一个是拓展卧室空间的视觉形象空间展示区,另一个是提供给主人的休闲功能区;在露台周边采用 2 米高的木网片作为与外界的区隔,增强空间的私密性,并与建造主体风格形成协调统一。通过这些整体的规划,设计师为主人实现了集合功能性与私密性于一体的庭院梦想,营造了清新、居家的舒适空中花园氛围。

春意盎然的一角

设计点睛②

靠墙的一侧用绿植加以装饰,营造出绿意盎然的一角,丰富了卧室的室外空间,让卧室空间内充满自然温馨的氛围,这样在扩大了卧室空间的同时增加了建筑空间的内外交融性。木片上攀爬的植物形成了勃勃生机的景象,运用这些手法营造了静谧的隐私空间。

设计点睛③

休闲浪漫的空间

为了增加空间的层次,在结构优化基础上,将露台巧设为三级木平台进而形成空间的高差变化,丰富空间的层次感;在平台一侧设计的户外休闲区,可为主人提供居家休闲的浪漫空间。

设计点睛 ④

构思巧妙的露台布置

这里的露台延边及角落采用花坛、植物、座椅、小水景等景观元素作为装饰，增添了自然的立体绿化视觉，在实现功能需求的基础上，又满足主人对花园观赏性的需求。

古典的喷水池设计

设计点睛 ❺
北露台的水景是通过设置在外墙体壁的古典喷水头作为水源的，通过它来营造潺潺流水的声音效果，通过铺装在地上的卵石将流水引入下方不规则的水池内、周边装饰的坑石等，营造了露天风雨的意境，点缀在花坛附近的植物，为环境增添了绿意，使人在内心充满了生命的动力。

吊兰【科属分类】龙舌兰科，吊兰属

吊兰又称垂盆草、桂兰、钩兰、折鹤兰，根肉质，叶细长，似兰花。吊兰叶腋中抽生出的匍匐茎，长可尺许，既刚且柔；茎顶端簇生的叶片，由盆沿向外下垂，随风飘动，形似展翅跳跃的仙鹤。故吊兰古有折鹤兰之称。

吊兰为宿根草本，具簇生的圆柱形肥大须根和根状茎。叶基生，条形至条状披，针形，狭长，柔韧似兰，长 20～45 厘米、宽 1～2 厘米，顶端长、渐尖；基部抱茎，着生于短茎上。吊兰的最大特点在于成熟的植株会不时长出走茎，走茎长 30～60 厘米，先端均会长出小植株。花葶细长，长于叶，弯垂；总状花序单一或分枝，有时还在花序上簇生长 2～8 厘米的条形叶丛；花白色，数朵一簇，疏离地散生在花序轴。

吊兰的园艺品种除了纯绿叶之外，还有大叶吊兰、金心吊兰和金边吊兰 3 种。前两者的叶缘绿色，而叶的中间为黄白色；金边吊兰则相反，绿叶的边缘两侧镶有黄白色的条纹。

案例 **18**

云间绿园
Among the clouds greenway

项目地点：上海
庭院面积：50 平方米
设计公司：上海淘景园艺设计有限公司

庭院的功能空间规划有休息区、凉棚、由花岗岩和玻璃马赛克镶嵌而成的户外喷泉，以及由户外烹饪、酒吧所构成的正式户外用餐区。户外厨房具备很多现代功能，便于举办一些聚会，厨房得到了充分的利用。

一连串的台阶和平台从房屋向下、向远处延伸。这些区域恰好位于从房屋向远处倾斜的自然坡度上，空间也少了份建筑的束缚，多了份自然的气息。大草坪提供了开阔的庭院空间，环形的路径将廊架与水景花卉观赏区等联系在一起；廊架上攀爬了两种植物装饰，一种是凌霄，一种是玫瑰，廊下的人在变化的色彩空间中前行，纷繁的美景令人陶醉。

本案庭院的景观设计细节变化丰富，主要分为装饰材质的细节变化，如铺装采用红砖作为主要的材料，但砌筑的细节比较考究；草坪上的汀布采用圆形的石材，雕凿的细节充满自然质感。

设计点睛 ①

自然清新的铺装

精心设计的台面和木板路形成了通过天然草地通往庭院
外的通道。南院采用了短叶的加强型草坪，可以适合各
种恶劣天气，而且草坪可以一直保持常绿、整洁。

设计点睛 2

小径与草坪

为主人提供了不同的体验空间和观赏空间，驻足草坪之上环顾四周，满眼的绿色葱葱与繁花似锦，在不同的花季，宿根的花草与常绿的灌木与乔木形成了丰富的景观层次空间。

细节变化丰富

设计点睛 **3**
主要分为装饰材质的细节变化，如铺装采用红砖作为主要的材料，但砌筑的细节比较考究；草坪上的汀布采用圆形的石材，雕凿的细节充满自然质感。

竹【科属分类】禾本科，竹属
竹叶呈狭披针形，长 7.5 ~ 16 厘米，宽 1 ~ 2 厘米，先端渐尖，基部钝形，叶柄长约 5 毫米，边缘之一侧较平滑，另一侧具小锯齿而粗糙；平行脉，次脉 6 ~ 8 对，小横脉甚显著；叶面深绿色，无毛，背面色较淡，基部具微毛；质薄而较脆。竹笋长 5 ~ 8 厘米，成年竹通体碧绿节数一般在 10 ~ 15 节之间。
竹原产中国，类型众多，适应性强，分布极广。在中国主要分布在南方，像四川，湖南等省，它们有熊猫之家和竹林深处的典故。全世界共计有 70 个属 1200 种，盛产于热带、亚热带和温带地区。中国是世界上产竹最多的国家之一，共有 22 个属、200 多种，分布全国各地，以珠江流域和长江流域最多，秦岭以北雨量少、气温低，仅有少数矮小竹类生长。

案例 ⑲

江畔蓝色翡翠
River blue jade

项目地点：乐山
庭院面积：272000 平方米
设计公司：成都绿茵景园工程有限公司

江畔上丰富的自然植被，三江汇流，山林葱郁，更可见鱼翔浅底、鹰击长空，青山不改，绿水长流。在蓝色缎带岷江之畔，以生态文化园为龙头，康乐休闲园为龙尾，商业风情园、体育运动风情园为龙身，以不同的尺度，多样的主题构成统一的"大景观"，集生态、观光、表演、运动、商业、休闲于一体，展示"翡翠国际"的新社区形象，使滨江景观长廊成为本新区发展的重要标志。

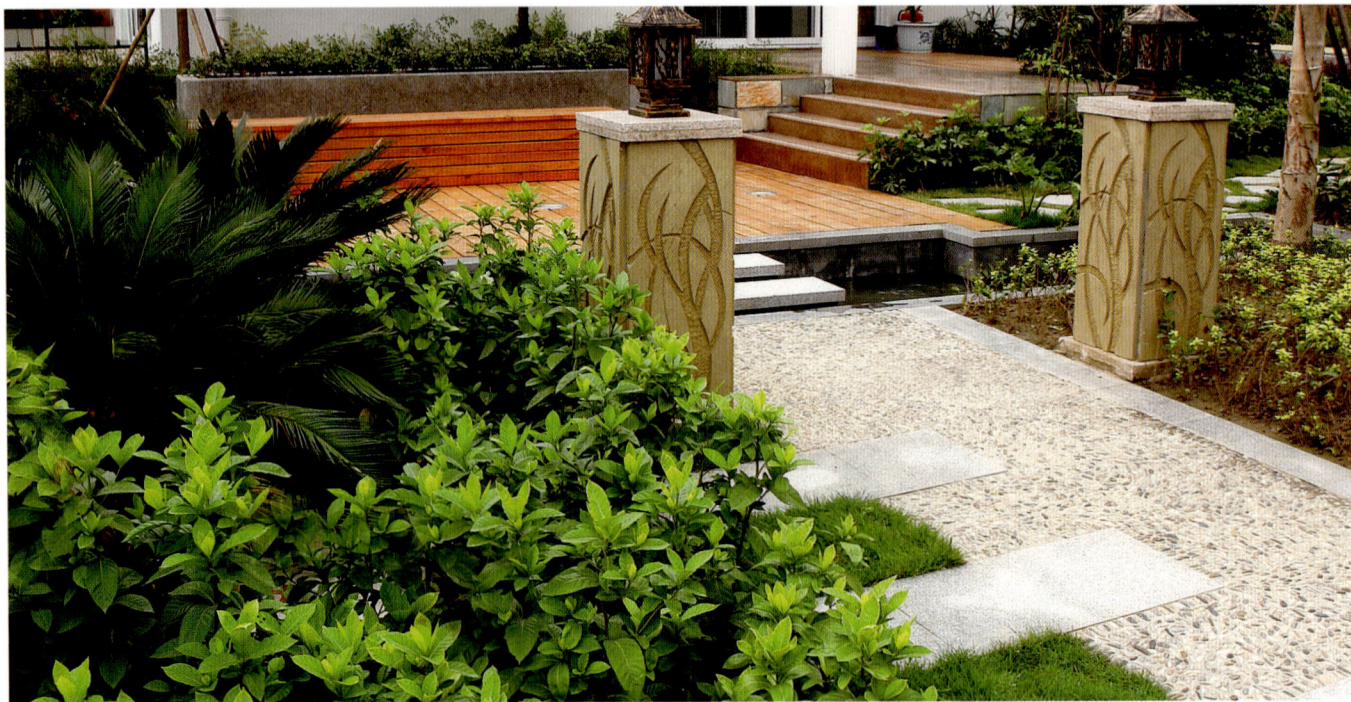

整体设计目标是寻找一种新的有建设性的方法来对待自然环境，建立一种人与自然和谐共处的景观，满足人们亲水近绿的愿望，实现社区生活更高层次的回归。在以上的理念指导下，我们对市政公建配套公园景观的设计提出了建设性的处理方法。滨江带状空间形成一个集运动、生态、休闲、购物为一体的体验式景观走廊；营造自然起伏的地形景观，滨江空间结构与自然地貌有很强的景观可塑性，我们本着充分尊重原始地形、因地制宜的原则对其进行低强度的改造并达到最好的景观效果，使整个地势呈现自然起伏的变化，塑造丰富的立体景观。场地整合与城市建设自然衔接，通过对场地景观的艺术设计，充分考虑其与社区内部大环境相呼应，形成生态网络结构，引导周边用地生态化的基本走向。

转幻多变的空间关系带来不一样的体验

设计点睛 1

清爽宜人的室内外风格让人耳目一新,最动人的莫过于飘台上,隐约可见的桥影江景,另侧,花木扶疏,自然美景汇于一室,自然就在身边,温馨宜人……

设计点睛 2

以岷江为背景

巧妙地布置一系列休闲娱乐空间：观演广场、特色景观帆、观江亭。通过下河道连接河滩，枯水季节的沙滩成为人们亲水的场所。借鉴成都活水公园的理念，将生态水处理法与景观小品、水系相结合，层层过滤净化的水最终还原到岷江中，让生态环保的理念深入人心。

设计点睛 3

木栈道上的景致

漫步于迷雾朴树林的错落式木栈道上，步移景异。水际，一棵红梅正含苞欲放，幽雅清香……

悠久的文化与迷人的景色交相辉映

设计点睛 **④**

广场位于二桥延伸方向的出入口，是游览世界文化遗产乐山大佛的必经之地，作为乐山市新区的引导景观，可谓是黄金口岸，重要性不言而喻。设计积累乐山深厚的历史文化为创作素材，以自然乡土景观为设计语言，让乐山悠久的文化与迷人的景色交相辉映。

设计点睛 **⑤**

树影婆娑

桂花树阵为广场的另一个兴趣点，它向人们提供观赏水景、集会活动、即兴表演的场所。层层叠叠的水景衬托表现民俗特色的雕塑景墙，带来场地的灵气，起着画龙点睛的作用。

红梅【科属分类】蜡梅科，蜡梅属

红梅，梅花的别称，落叶小乔木，蔷薇科，李属。株高约10米，干呈褐紫色，多纵驳纹。小枝呈绿色。叶片广卵形至卵形，边缘具细锯齿。花每节1～2朵，无梗或具短梗，花呈淡粉红或红色，栽培品种则有紫、红等花色，于早春先叶而开。梅花可分为系、类、型。如真梅系、杏梅系、樱李梅系等。系下分类，类下分型。梅花为落叶小乔木，树干灰褐色，小枝细长绿色无毛，叶卵形或圆卵形，叶缘有细齿，花芽着生在长枝的叶腋间，每节着花1～2朵，芳香，花瓣5枚，水红至深红，也有重瓣品种。

红梅在园林、绿地、庭园、风景区，可孤植、丛植、群植等；也可屋前、坡上、石际、路边自然配植。若用常绿乔木或深色建筑作背景，更可衬托出梅花玉洁冰清之美。

案例 ⑳

中海大山地
Shipping mountain

项目地点: 深圳市
庭院面积: 180000 平方米
设计公司: 泛亚国际

我们常常惊叹于居住在美丽山系风景中的传统居住模式，例如传统的徽南村落和云南哈尼族的梯田等，但是它们并不是设计师的创作，而是利用大自然的鬼斧神工，浑然天成的景观来作为家园和劳作的场所。 总而言之，将自然景观和居住环境的巧妙融合正是本案景观设计的初衷。

基地位于山脚下，拥有得天独厚的生态条件和景观视线，地理条件优越。 然而在开发之前，为了满足城市快速发展所带来的垃圾填埋要求，基地本身已经被挖掘。 因此，设计师积极分析现状条件，充分利用周边有利资源，在自然风景之上进行发展和再创造。
通过蜿蜒水系旁大树下多层次的丰富植物空间使这个绿色脉络进一步延伸至私家庭院。 丰富的高差变化为创造多样性的水景形态提供了无限的可能性。各级入口处带有标识感的喷泉以及会所旁边的景观泳池。 正是因为建筑的布局和植物空间的营造都跟水息息相关，我们可以创造出观赏石景、水景和软景的独特景观体验。
除了上述两个主要的景观营造手法外，社区内部所有的公共和私有庭院空间在设计时都力求绿量最大化，从而使整个项目与周边的山地资源更加融合。所有的景观材料都经过精心选择，从原生态角度出发，从而更好地从细节上来平衡建筑和景观。

设计点睛 1

水景别墅

通过地形的整理、准确的水景定位，使建筑好像漂浮在瀑布之上，真正形成了水景别墅，也很好地呼应了中国传统的风水学说。山系和水脉是将生动的居住体验提升到情感层次的两个关键元素。

设计点睛 2

水元素

水，以各种形态贯穿整个住宅小区的景观空间：不同尺度广场空间中的流动的水；为起居室带来绝美对景视线的蜿蜒小溪；利用雨水回收所形成的叠水瀑布景观，这也是生态设计手法的亮点。

设计点睛 ③

森林体验

为了尽可能地为业主创造绿色的整体环境和开放空间，所有的机动车停车都被转为地下。因此步行空间两侧完全是郁郁葱葱的大树和灌木，类似行走在森林中的纯自然体验。

光影交错

设计点睛 4
建筑的几何光影与树叶的柔和光影相互交错，业主尽情享受景观设计所带来的光、影、声交融的舒适居住环境。

春羽【科属分类】天南星科，林芋属

春羽原名羽裂喜林芋，多年生草本。株高可及 1 米，茎粗状直立，直径可及 10 厘米，茎上有明显叶痕及电线状的气根。叶于茎顶向四方伸展，有长约 40～50 厘米的叶柄，叶身鲜浓有光泽，呈卵状心脏形，长可及 60 厘米，宽及 40 厘米。实生幼年期的叶片较薄，呈三角形。

春羽生之叶片逐渐变大，羽裂缺刻愈多且愈深。春羽喜高温多湿环境，对光线的要求不严格，不耐寒，耐阴暗，在室内光线不过于微弱之地，均可盆养，喜肥沃、疏松、排水良好的微酸性土壤，冬季温度不低于 5℃。常用扦插繁殖。以 5～9 月最好，剪取健壮茎干 2～3 节，直接插入水苔或粗沙中，保持湿润，约 20 天左右可生根。生长期保持盆土湿润，尤其夏季不能缺水，并经常对叶面喷水，每月施肥 1 次。植株生长迅速，每年春季需要换盆，冬季生长缓慢，50% 氧化乐果乳油 1000 倍液喷杀。春羽叶态奇特，其同属种类有红柄喜林芋。

案例 ㉑

上海绿城

Shanghai Greentown

项目地点：上海市
庭院面积：190000 平方米
设计公司：澳大利亚普利斯设计集团股份有限公司

对于设计师来说，这个项目的设计目标即是一种挑战：需要将不同的元素合并在一起，为居民提供多种选择，从主动到被动、从娱乐到静思，都在一个有机的景观空间里。

上海绿城是一个占地约 190000 平方米的大型高层住宅社区，小区内高层建筑物掩映在优美的景观和大面积绿化中。这个项目的景观设计目标就是要营造大城市中人口居住最密集的住宅区坐落在公园里的氛围。
中央轴线末端设计了一条围绕会所区域并种植高大树木的环形道路，它创造了一个遮荫的散步空间，同时提供了从中央轴线分散到各住宅组团的连接通道。小区的中轴被设计成一条景观大道，其中的一段在主入口区域成为人行、车行共享的道路。景观大道还融入了规整式植栽、焦点构筑物（穹顶）以及特色水景等元素。

森林环道

设计点睛 ❶ 中央轴线末端设计了一条围绕会所区域并种植高大树木的环形道路，它创造了一个遮荫的散步空间，同时提供了从中央轴线分散到各住宅组团的连接通道。

设计点睛 ❷

一个有机的空间

这个项目的设计目标即是一种挑战：需要将不同的元素合并在一起，为居民提供多种选择，从主动到被动、从娱乐到静思，都在一个有机的景观空间里。

设计点睛 ③

住宅组团

众多小空间都被整合在"庭院"区域里，包含休闲座椅、藤架、水景以及隐藏在茂盛植栽中的儿童游戏场。

设计点睛 ④

会所区域

包含一个户外成人游泳池，一个儿童嬉水池以及日光浴休闲区域。附近有两座网球场，所有与会所有关的设施均被安排在会所周围。设计师刻意对泳池区域进行了下沉式处理，使之与周边景观标高形成巨大的反差，这样既增强了泳池区域的私密性，同时又赋予了景观地形的立体趣味性。

中央轴线

设计点睛 ⑤

末端设计了一条围绕会所区域并种植高大树木的环形道路，它创造了一个遮荫的散步空间，同时提供了从中央轴线分散到各住宅组团的连接通道。小区的中轴被设计成一条景观大道，其中的一段在主入口区域成为人行、车行共享的道路。

黄金菊【科属分类】菊科，菊属

一年生或多年生草本植物，羽状叶有细裂，花黄色，花心黄色，夏季开花。全株具香气，叶略带草香及苹果的香气。排水良好的沙质壤土或土质深厚，土壤中性或略碱性。

黄金菊为常绿芳香多年生草本植物，叶苹果香味，花白色，夏季开花。花可助消化，用过的花袋可除黑眼圈，花煎剂有护发的功效，花园中它是"植物医生"，可使附近病弱植物复原。

黄金菊（7张）黄金菊喜光，耐高温，栽培需日照充足通风良好，排水良好的砂质土壤或土质深厚土壤为佳，土壤中性或略碱性。种子直播，播种期在春季或秋季，因种子非常细小，可与细砂混合进行播种，每穴2～3粒，植株间距15～25厘米，定植时株间保持在30～40厘米，2～3个月施肥一次，秋季可追肥1～2次。充分浇水，有利生长，植株长得较肥大茂盛，若长势过密可适当从小枝分枝处短截。

案例 ⑫

Lee

Lee

项目地点：美国 加利福尼亚
庭院面积：121405 平方米
设计公司：BLASEN LANDSCAPE ARCHITECTURE

整个项目的设计理念采用极简的设计手法，将建筑的周边环境融入到基地的景观结构系统中。花园的设计没有人工雕凿的痕迹，充分显示了对环境的可持续发展的设计理念。设计的总体意义，是在于搭建建筑与环境之间的桥梁。

这个项目的起始是追寻着环境可持续发展的设计理念，贯穿于建筑及景观设计之中。为了不破坏当地原生植物的物种，该项目在对基地施工前还对原始的植物物种加以保护，并收集原生态植物的种子。进入已建好房子的基地需要经过一个风大、上坡、砾石铺砌而成的路段并到达户外停车场，远处望去的房子由夯土墙、一个简单的两侧铺满灌木及加州紫丁香碎石道路组成，没有一点房子的迹象，此时的建筑已经融入到环境之中。

设计点睛 ①

融入原有生态

在项目规划设计的开始景观设计师就参与到设计工作中，目的是把这个夯土结构的建筑形式融入到自然环境之中。以达到在建造的过程中对基地周边环境的干扰和破坏降至最少为目的，将建筑及其周边环境融入到现有的生态系统等级中。

设计点睛 ②

景观墙的妙用

花园景观的设计主要是通过一堵景观墙，贯穿整个空间以构成一体化的景观，利用草坪与砾石地分割开来。建筑落地窗采用镜面反射材质，玻璃上映射出建筑前的地形、石头，以及孤植的虬枝树等景观。

设计点睛 ③

联通了建筑与砾石地

这些构成的景观元素与草坪上线性栽植的高大乔木，形成了鲜明的空间对比效果，并产生了强烈的视觉冲击力。草坪上的汀步循景观墙而建，联通了建筑与砾石地。

设计点睛 ④

泳池的设计

设计的泳池边界与地形之间的高差丰富了泳池内视觉的效果，可以形成无边界的视觉错觉，贯穿于泳池之上的木质通道与场地的石头台阶之间的高差过渡自然。

加州紫丁香【科属分类】木樨科，丁香属

又称丁香、华北紫丁香、百结、情客、龙梢子。紫丁香原产中国华北地区，在中国已有1000多年的栽培历史，是中国的名贵花卉。嫩叶簇生，后对生，卵形、倒卵形或披针形，圆锥花序，花淡紫色、紫红色或蓝色，花冠筒长6～8毫米。花期5～6月。生长习性喜阳，喜土壤湿润而排水良好，造庭院栽培，春季盛开时硕大而艳丽的花序布满全株，芳香四溢，观赏效果甚佳。是庭园栽种的著名花木。丁香花芬芳袭人，为著名的观赏花木之一。欧、美园林中广为栽植。在中国园林中亦占有重要位置。园林中可植于建筑物的南向窗前，开花时，清香入室，沁人肺腑。紫丁香是中国特有的名贵花木，已有1000多年的栽培历史。植株丰满秀丽，枝叶茂密，且具独特的芳香，广泛栽植于庭园、机关、厂矿、居民区等地。常丛植于建筑前、茶室凉亭周围；散植于园路两旁、草坪之中；与其他种类丁香配植成专类园，形成美丽、清雅、芳香、青枝绿叶，花开不绝的景区，效果极佳；也可盆栽、促成栽培、切花等用。

案例 23

金山宅邸

Jinshan mansion

项目地点：美国 加利福尼亚
庭院面积：175000 平方米
设计公司：SURFACEDESIGN INC

这是一个旧金山私宅的后院，院子的主人对庭院的基本要求是花园易于维护和打理；在结束一天紧张的工作之后能够浸泡在浴缸中去除一天的疲劳。

为了使这个后院空间的设计充满趣味性与凝聚力，设计通过变化的图案及统一而有序的组织结构对庭院进行了合理的规划布局。庭院的生活功能区分为户外烧烤区与 SPA 两个功能空间。

庭院的总体设计运用直线及斜线的空间关系来组织造型相互之间的条理性，庭院背后的条形背板通过留缝的方式形成疏密有致的围合造型，地面空间的划分也通过这些线条有机地组织在一起，通过这种手法的设计加强了整个空间的整体感；为了起到活跃的作用，将直线与庭院的边界形成一定的夹角，进而增加设计的动感，让空间的趣味性加强，这些手法与空间的尺度相呼应，呈现出有规律的秩序感，丰富了主人的视觉空间，在心里上起到了放松与缓解的作用。

设计点睛 1

方便实用的设计

带有滑轨的 SPA 盖子，可以一物两用，通过地上的滑轨盖上后成为 spa 上空的盖子，拉开后便成为烧烤区的台子，这个设计既方便实用又充满了趣味性。

设计点睛 2

斜线的体验

在平面规划上采用斜线作为空间划分的基本图形，通过这种方式来增加空间的动感，地面被斜线划分出不同的功能区域；各个功能区域之间采用不同的铺装材质来划分，如 SPA 区域采用天然的木色材质铺装，限定了功能区域，同时给人以温馨的环境氛围。

设计点睛 **3**

装饰元素的色彩相互对比

地面采用大小不一的黑色抛光菱形石质铺装，错落的排列方式，可以引导游览的路线，同时也增加了在游览路线上的趣味性。质板材统一了庭院中的烧烤区与游憩区；在游览路线的两侧和周围栽种了绿色的竹子与白色的草本植物，这些装饰元素的色彩相互对比，更增加了趣味性。

紫竹【科属分类】禾本科，刚竹属

紫竹为传统的观杆竹类，竹杆紫黑色，柔和发亮，隐于绿叶之下，甚为绮丽。此竹宜种植于庭院山石之间或书斋、厅堂、小径、池水旁，也可栽于盆中，置窗前、几上，别有一番情趣。紫竹杆紫黑，叶翠绿，颇具特色，若植于庭院观赏，可与黄槽竹、金镶玉竹、斑竹等杆具色彩的竹种同植于园中，增添色彩变化。观杆色竹种，为优良园林观赏竹种。竹材较坚韧，宜作钓鱼竿、手杖等工艺品及箫、笛、胡琴等乐器用品。笋可供食用。多栽培供观赏；竹材较坚韧，供制作小型家具、手杖、伞柄、乐器及工艺品。

移植母竹或埋鞭根繁殖。母竹以选 2～3 年生，秆形较矮小，生长健壮者为佳。挖母竹时，应留鞭根 1 米许，并带宿土，除去秆梢，留分枝 5～6 盘，以利成活。埋鞭繁殖，应选生长良好的鞭根约 1.5 米左右，笋芽饱满，2～3 年生者，于早春二月间栽植为宜。

案例 24

爱丁堡雅园

Edinburgh Graceland

项目地点：赣州
庭院面积：70228 平方米
设计公司：广州市太合景观设计有限公司

建筑设计为现代式东南亚风格，小区景观要创造出良好的东南亚风情园林，营造浪漫、舒适、充满异国风情的氛围。置身其中，品味异国风情的朴实田园风貌，体验满目清新的雅园风尚。

本案基于对小区基础条件的优劣势分析，小区整体园路采用曲线式内环路设计。区内主要设置有跌水景观溪流、特色儿童游乐场、观景平台、休闲康体设施、篮球场等。中心景观水景区部分设计跌水景观溪流和水景阳光平台。水景设计顺应其地势变化，布置观景亭、溪流、木桥、趣味雕塑等，乔木、灌木、花草的合理种植，组成远近分明、疏密有致的自然式流水景观画面。入口景观区有着丰富的高差变化，入口两旁的树阵、花基、树阵，丰富而富有层次感。儿童乐园区布置有特色而充满序列感的树阵、汀步、石条座凳和趣味性极强的景墙。

设计点睛 ❶ **中心景观水景区**

部分设计跌水景观溪流和水景阳光平台。水景设计顺应其地势变化，布置观景亭、溪流、木桥、趣味雕塑等，乔木、灌木、花、草的合理种植，组成远近分明、疏密有致的自然式流水景观画面。

入口景观区有着丰富的高差变化

设计点睛 2

入口两旁的树阵、花基、树阵，丰富而富有层次感。儿童乐园区布置有特色而充满序列感的树阵、汀步、石条座凳和趣味性极强的景墙。

设计点睛 3

全民健身区

采用绿树林荫丛林式的种植方式，三个不同大小的圆形健身区、人性化的环形树阵，为居住者提供了舒适的环境。

小区的园路

设计点睛 4

基于对小区基础条件的优劣势分析，小区整体园路采用曲线式内环路设计。从视觉上给人以流畅婉转的感觉，舒适宜人。

棕榈【科属分类】棕榈科，棕榈属

棕榈树属常绿乔木，高约7米；干直立，不分枝，为叶鞘形成的棕衣所包；叶子大，集生干顶，掌状深裂，叶柄有细刺；夏初开花，肉穗花序生于叶间，具有黄色佛焰苞 淡蓝黑色近球形核果，有白粉。树干圆柱形，常残存有老叶柄及其下部的叶鞘，它原产我国，除西藏外我国秦岭以南地区均有分布，常用十庭院、路边及花坛之中，适于四季观赏。木材可以制器具，叶可制扇、帽等工艺品，根入药。棕榈原产于中国，现世界各地均有栽培，乃世界上最耐寒的棕榈科植物之一。棕榈在中国主要分布在秦岭、长江流域以南温暖湿润多雨地区，以四川、云南、贵州、湖南、湖北、陕西最多，垂直分布在海拔300～1500米，西南地区可达2700米。棕榈性喜温暖湿润的气候，极耐寒，较耐阴，成品极耐旱，惟不能抵受太大的日夜温差。栽培土壤要求排水良好、肥沃。

案例 ㉕

长城世家体验澳洲风情

Great Wall family experience Australia style

项目地点：广东
庭院面积：124627 平方米
设计公司：SED 新西林景观国际

采用现代自然主义设计的手法，着力于"澳洲"、"健康"两个主题的塑造，充分体现澳洲生活的舒适宜人的主题精髓，景观与场所活动有机地结合，创造了一个集休闲、旅游、度假为一体的酒店式景观住宅小区。

东莞长城世家位于东莞松山湖松山湖科技产业园"中心区"，东南面可看碧波荡漾的松山湖，景观条件优越。整个地块呈类椭圆形，三分而立，有两个地块地势起伏较大，另一地块地势相对较平坦。高低错落的地形，为我们创造丰富的空间形态创造了有利的条件。
SED 新西林景观国际以澳洲风情为蓝本，从建立和谐的人与自然环境的关系入手，以澳大利亚的悉尼、堪培拉、墨尔本三个城市的特色来诠释项目的三个地块，最北面是现代悉尼景观组团，入口及泳池部分是以"大洋洲的花园"为名的堪培拉景观组团，最南面是温馨且悠闲的墨尔本景观组团。

宽敞大气的入口景观

设计点睛 ①

入口的处理简约但不失优雅，巨大的树木如孔雀开屏尽显身姿，烘托出了整个空间的气场，黑色的大理石花池水景，与魔方布置交相辉映，富有很强的现代感和商业气息。

设计点睛 ②

简约精致的廊架

廊架的体量感丰富，层次分明，结构设计的同时充分考虑了使用要求，包括对于植物的保护、休憩设施的遮阳阴影的形式感等。廊架的配色也是与环境的搭配相协调，亚麻色的木质结构与白色石材的低调相得益彰。

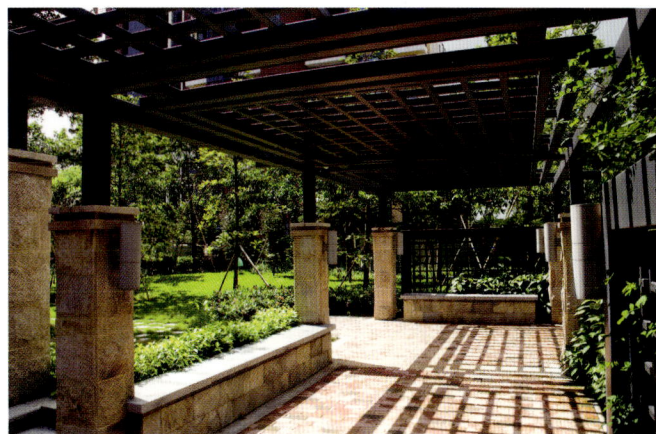

设计点睛 3

三分而立的景观构思

东南面可看碧波荡漾的松山湖，景观条件优越。整个地块呈类椭圆形，三分而立，有两个地块地势起伏较大，另一地块地势相对较平坦。高低错落的地形，为我们创造丰富的空间形态创造了有利的条件。

设计点睛 4

遍布整个空间的雕塑和艺术品

雕塑非常能够烘托环境的场所精神，为不经意的一瞥增添一抹生动和趣味，试想一下，在与家人傍晚散步时，夕阳的余晖带走最后一丝晚霞，每个依稀的雕塑仿佛有了灵魂，剪影般与我们交流嬉戏。

美人蕉【科属分类】美人蕉科，美人蕉属

喜温暖和充足的阳光，不耐寒。要求土壤深厚、肥沃，盆栽要求土壤疏松、排水良好。生长季节经常施肥。北方需在下霜前将地下块茎挖起，贮藏在温度为5℃左右的环境中。因其花大色艳、色彩丰富，株形好，栽培容易。露地栽培的最适温度为13～17℃。对土壤要求不严，在疏松肥沃、排水良好的沙壤土中生长最佳，也适应于肥沃粘质土壤生长，分株繁殖或播种繁殖。分株繁殖在4～5月间芽眼开始萌动时进行，将根茎每带2～3个芽为一段切割分栽。

美人蕉属多年生球根根茎类草本植物，性喜阳光、温暖、湿润。全国各地适应。但不耐寒，霜冻花朵及叶片凋零。粗壮、肉质的根茎横卧在地下，性喜温暖湿润，不耐寒，忌干燥。在温暖地区无休眠期，可周年生长，在22～25℃温度下生长最适宜；5～10℃将停止生长，低于0℃时就会出现冻害。美人蕉因喜湿润，忌干燥；在炎热的夏季，如遭烈日直晒，或干热风吹袭，会出现叶缘焦枯；浇水过量也会出现同样现象。

案例 26

东江首府园

The Dongjiang capital of Park

项目地点：河源市
庭院面积：110000 平方米
设计公司：广州市太合景观设计有限公司

以人为本，从生态园林出发，营造舒适性、自然性的景观，达到人在景中、人景交融的效果。以点、线、面相结合营造多层次园林景观，在整体协调的基础上，突出重点、主次分明、聚散有度。

本案景观规划本着"以人为本，特色鲜明，打造精品"的设计意旨，着力营造浓郁的现代东南亚风情园林。

景观设计重点主要有主次入口景观、会所泳池区与儿童戏水区、生态湖区、坡地景观区、天台花园、商业街步道等。景观植物的选择中运用了棕榈科植物，充分发挥各植物的自身特点，包括植物的色、香、形以及自然气息和光线作用于花草树木而产生的艺术效果。通过精心的配置，在观赏性与实用性之间取得平衡，并考虑到不同时节的植物形态在季节更替时营造出不同的花草园林景致，让人们享受到生命成长与季节变化带来的自然之美，让人们感受到生活在自然之中，自然在生活之中。

设计点睛 ① **体现原生态**
山水湖泊景观与现代东南亚特色风情，用艺术化、自然化处理景观 亭、台、榭、、廊、桥各种造园元素，一草一木无不遵循自然法则，人工雕塑体现人工手艺及造物的精巧。

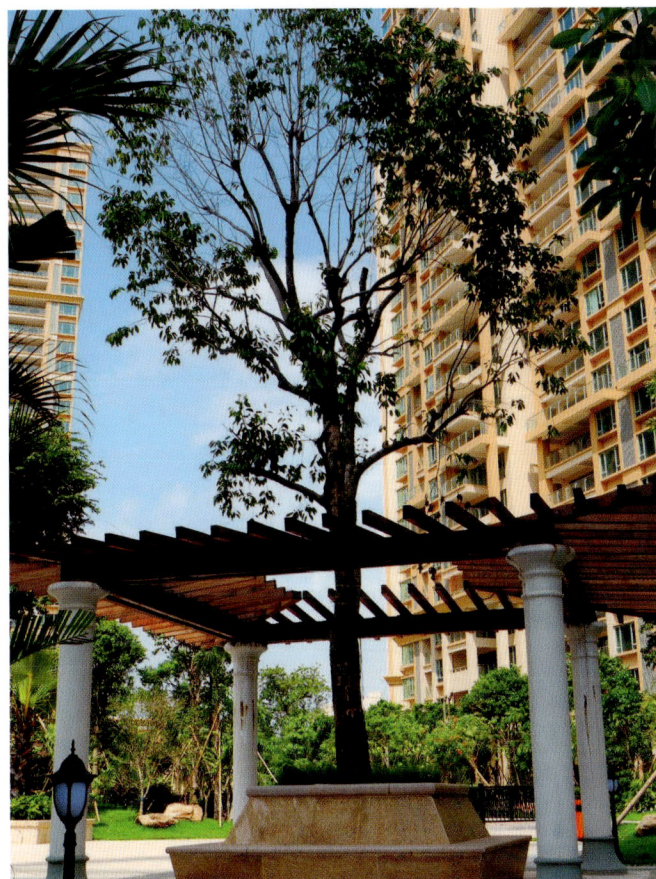

设计点睛 ②

植物配景

景观植物的选择中运用了棕榈科植物，充分发挥各植物的自身特点，包括植物的色、香、形以及自然气息和光线作用于花草树木而产生的艺术效果。

设计点睛 ③

季节的考虑

考虑到不同时节的植物形态在季节更替时营造出不同的花草园林景致，让人们享受到生命成长与季节变化带来的自然之美，让人们感受到生活在自然之中，自然在生活之中。

案例 27

花都玫瑰苑
Huadu Rose Garden

项目地点：合肥市
设计公司：上海易亚源境景观设计咨询有限公司

隐喻中国画"山"的效果，设计了丰富的地形，局部地形堆到2.8米高，这样形成丰富的山丘的感受。在石材铺装地面上，选用本地花岗岩石材，黄色石材碎拼、黑色石材镶边，形成现代明快的效果，用本地的青石板作为汀步材料，节约成本，又古朴有趣。

自此，开始一段关于景观设计的独特旅行……

这是一个很适合居住生活的环境。在这样一个经济中等、人口众多、历史悠久、环境优美的城市里，如何更好地用景观语言来解决城市高密度的居住问题？本项目就是采用"低技 Low-tech"的景观策略来营造中国传统的画境，将私人独享的"江南园林"变成了居住区里的公共花园。

由于本项目的现状条件是基地内原有大面积的水塘，并和周边的河道相连通。因此，为了保护整个周边河道的生态系统不受破坏，保留了小区中心的水塘。不使用成本高昂的水处理和水循环设备，而是采用了在中国流传千年的传统工艺方法，这就是低技的景观策略。对水塘的形状按照中国传统的做法加以改造，形成北大南小、蜿蜒曲折的形状，并有一定的高差形成跌落溪流，用中国传统的叠石技法来设计驳岸。

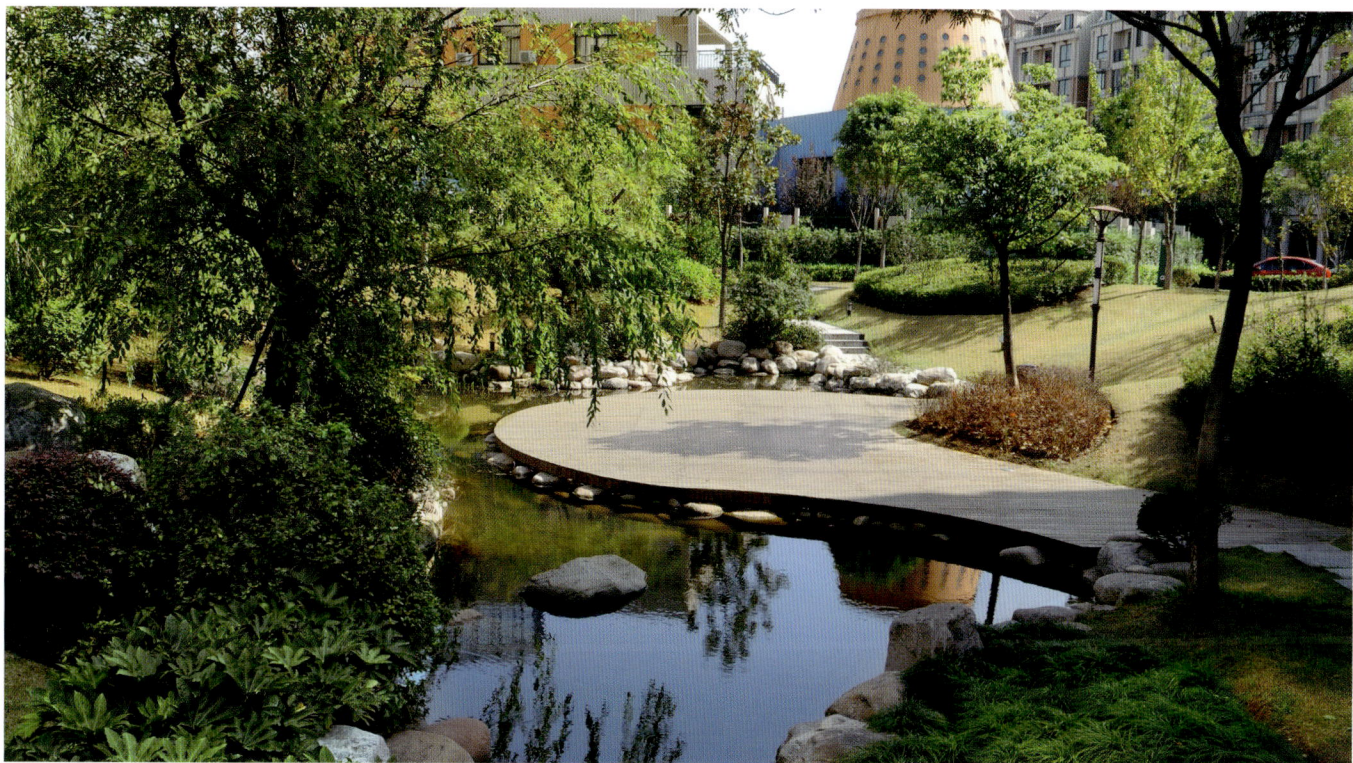

设计点睛 ① **水景的画境营造**

由于本项目的现状条件是基地内原有大面积的水塘，并和周边的河道相连通。因此，为了保护整个周边河道的生态系统不受破坏，保留了小区中心的水塘。不使用成本高昂的水处理和水循环设备，而是采用了在中国流传千年的传统工艺方法，这就是景观策略。

设计点睛 ②

蜿蜒流转

对水塘的形状按照中国传统的做法加以改造，形成北大南小、蜿蜒曲折的形状，并有一定的高差形成跌落溪流，我们用中国传统的叠石技法来设计驳岸。

设计点睛 ③

植物的画境营造

本项目为了考虑低技策略，所选用的植物都是小规格的乡土树种。这些植物已经形成疏密有致、绿意葱茏的效果，特别是围绕在水边的植物，通过乔木、灌木、花卉、地被和草坪不同层次的组合，表现出树形的高低错落，树叶的色彩斑斓，以及花香的馥郁芬芳。

菖蒲【科属分类】天南星科，菖蒲属

菖蒲叶丛翠绿，端庄秀丽，具有香气，适宜水景岸边及水体绿化。也可盆栽观赏或作布景用。叶、花序还可以作插花材料。全株芳香，可作香料或驱蚊虫；茎、叶可入药。菖蒲是园林绿化中，常用的水生植物，其丰富的品种，较高的观赏价值，在园林绿化中，得以充分应用。

菖蒲是我国传统文化中可防疫驱邪的灵草，与兰花、水仙、菊花并称为"花草四雅"。菖蒲"不假日色，不资寸土"，"耐苦寒，安淡泊"。江南人家每逢端午时节，悬菖蒲、艾叶于门、窗，饮菖蒲酒，以祛避邪疫；夏、秋之夜，燃菖蒲、艾叶，驱蚊灭虫的习俗保持至今。菖蒲剑叶盈绿，端庄秀丽，是室内盆栽观赏的佳品。用菖蒲制作的盆景，既富诗意，又有抗污染作用。古人夜读，常在油灯下放置一盆菖蒲，原因就是菖蒲具有吸附空气中微尘的功能，可免灯烟熏眼之苦。菖蒲还是我国传统园林造景中，池、湖沿岸不可或缺的植物。

案例 28

翡翠天居
Emerald day ranking

项目地点：成都市
庭院面积：145647 平方米
设计公司：欧博设计

商业气息浓郁，现代感十足，玻璃的通透，池水的清浅，建筑的高耸。一砖一石，一草一景，都是那么简洁，甚至有一些冰冷，也许这样的景观配饰才能够抚平现代人快节奏的生活和急切的燥火。

通向滨江公园的两条景观主轴将小区清晰地分为三个组团。根据片区总体规划要求及周边城市形态特征，在小区西南边布置底层联排别墅及多层花园洋房，在小区东北边布置高层住宅，形成沿江面低，并逐渐向远处升高的小区整体空间形态。建筑单体布局注意朝向及景观视线的均好性，在利用沿河自然景观的同时，通过住宅间的组团布置组合，形成两条景观主轴，创造层次丰富的小区内部景观。

在这样一方不大的空间中，透过设计师的巧妙构思，为我们营造出了丰富的层次，让这满目的绿色和生机都恍惚跳跃了起来，灵动清新，自然静谧。如一顶帐篷，隔绝了这纷扰的都市喧嚣。

设计点睛 ① **略显冰冷的造景**

池水的清浅，建筑的高耸。一砖一石，一草一景，都是那么简洁，甚至有一些冰冷，也许这样的景观配饰才能够抚平现代人快节奏的生活和急切的燥火。

翡翠城·汇锦云天
JADE CITY

设计点睛 ② **简约的结构**

大面积的体块分割，明暗的交替，金属结构的冷静，在空间中弥漫交织，植物的搭配依旧恰到好处。演绎当代版本的舞榭歌台，景观草木。

设计点睛 ③

钢筋水泥间的世外桃源

在这样一方不大的空间中，透过设计师的巧妙构思，为我们营造出了丰富的层次，让这满目的绿色和生机都恍惚跳跃了起来，灵动清新，自然静谧。如一顶帐篷，隔绝了这纷扰的都市喧嚣。

案例 29

马里纳尔可住宅
Mali Canal can residential

项目地点：墨西哥 墨西哥城
庭院面积：1100 平方米
设计公司：Grupo de Diseno Urbano

庭院的布局除了卧室之外，庭院的排列形式具有传统的与世隔绝庭院类型的特征，庭院的景观设计手法中结合当地气候条件，营造出地域特征强烈的设计作品。建筑的所有房间都面向庭院，庭院成为这个建筑生活的主体，百叶窗成为庭院的第二道景观，为更多的户外空间和屋顶平台，每间卧室的后面都有自己的私人庭院。

庭院中的植物都是沿其周边种植的，庭院是建筑的中心，由一个正方形的几何图案构成，在中心创建了一个狭窄用鹅卵石铺砌而成的几何图案。水池与客厅之间由一个穿过石盆的小溪相连接。庭院内装饰有粉红色的墙，热烈而奔放。庭院的设计充分考虑气候的影响，在雨季，多余的雨水可以通过庭院设计的雨水回收系统储藏，地面铺设的鹅卵石透水性好，可以避免过度的降雨形成的涝灾，收集的雨水在旱季可以用以灌溉，节省了淡水资源。

庭院内所有植物仿佛都是破土而出，不建设树池，而水面上的树池也看不到泥土，只在红砖之上生长墨西哥仙人掌。建筑本身颜色已经颇为艳丽丰富，也就决定了植物颜色不能过于繁复，所以设计师就采用了蕨类等各种形态不一的植物，成就了庭院中植物多样性。长方形水池中偶有两块怪石，打破了规矩，增添了细部趣味。

庭院的核心作用

设计点睛 ❶ 庭院中的植物都是沿其周边种植的，庭院是建筑的中心，由一个正方形的几何图案构成，在中心创建了一个狭窄用鹅卵石铺砌而成的几何图案。水池与客厅之间由一个穿过石盆的小溪相连接。庭院内装饰有粉红色的墙，热烈而奔放。

庭院的景观设计手法中结合当地气候条件

设计点睛 ② 营造出地域特征强烈的设计作品。建筑的所有房间都面向庭院，庭院成为这个建筑生活的主体，百叶窗成为庭院的第二道景观，为更多的户外空间和屋顶平台，每间卧室的后面都有自己的私人庭院。

设计点睛 ③

审美与实用的兼顾

庭院的设计充分考虑气候的影响，在雨季，多余的雨水可以通过庭院设计的雨水回收系统储藏，地面铺设的鹅卵石透水性好，可以避免过度的降雨形成的涝灾，收集的雨水在旱季可以用以灌溉，节省了淡水资源。

庭院内所有植物仿佛都是破土而出

设计点睛 ④

不砌筑树池，而水面上的树池也看不到泥土，只在红砖之上生长墨西哥仙人掌。建筑本身颜色已经颇为艳丽丰富，也就决定了植物颜色不能过于繁复，所以设计师就采用了蕨类等各种形态不一的植物，成就了庭院中植物多样性。长方形水池中偶有两块怪石，打破了规矩，增添了细部趣味。

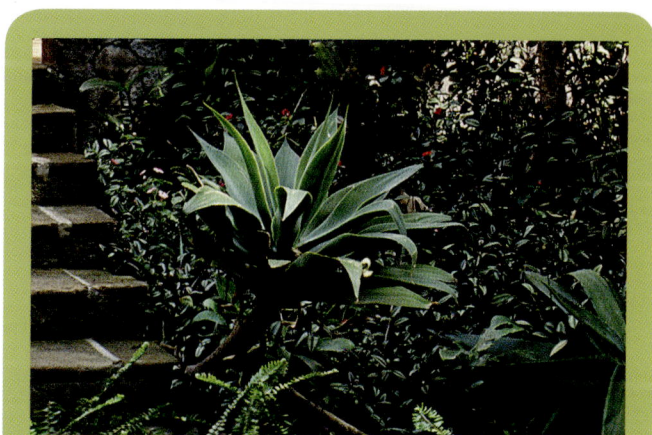

芦荟【科属分类】百合科，芦荟属

常绿、多肉质的草本植物。叶簇生，呈座状或生于茎顶，叶常披针形或叶短宽，边缘有尖齿状刺。花序为伞形、总状、穗状、圆锥形等，色呈红、黄或具赤色斑点，花瓣6片、雌蕊6枚。花被基部多连合成筒状。芦荟各个品种性质和形状差别很大，有的像巨大的乔木，高达20米左右，有的高度却不及10厘米，其叶子和花的形状也有许多种，栽培上各有特征，千姿百态，深受人们的喜爱。芦荟本是热带植物，生性畏寒，但也好种活。芦荟怕寒冷，它长期生长在终年无霜的环境中。在5℃左右停止生长，0℃时，生命过程发生障碍，如果低于0℃，就会冻伤。生长最适宜的温度为15～35℃，湿度为45%～85%。

芦荟需要充分的阳光才能生长，需要注意的是，初植的芦荟还不宜晒太阳，最好是只在早上见见阳光，过上十天半个月它才会慢慢适应在阳光下茁壮成长。

案例 30

梦回东方普罗旺斯
Dreaming Eastern Provence

项目地点：中国 北京市
庭院面积：1200 平方米
设计公司：北京率土环艺科技有限公司

异国情调的整体氛围，烘托出浪漫的普罗旺斯风情，石材的质感在花园中的运用，凸显厚重与古朴的气质，各种植物的搭配，又完美演绎了东方的造园技艺，喷水池、廊架、凉亭都给人以愉悦之感，其中还不乏盆栽植物点缀其间。

别墅位于北京昌平北七家镇。该别墅庭院是园区内面积最大的临河庭院，北面临水，设有亲水平台。眺望河对岸，是一大片银杏林，庭院中极好地引入了对岸十分美丽的自然风光。别墅位于离水岸约 50 米处。

令人惊叹的景观设计告诉人们景观是如何不依附于建筑的。这是一个由石头材质的颜色和独特的细节构成的精美场地。庭院的细节设计保证了这个项目的品质。在第一个内庭院中由花岗岩板材在庭院的平台上以风车状的造型嵌入，限定庭院的视觉中心区域空间，利用石头砌筑的室外台阶的挡墙通过石头材质的质感及排列方式强化了入口空间的标识性，用石板及户外如雕塑般的长椅基座等元素突出了自然质朴的气质。花园环绕着中央的石头砌筑的雾状喷泉渲染出间歇缥缈的环境气氛，润滑了封闭的空间感。

设计点睛 ①

喷水池简约而不简单

整个庭院空间比较规整，庭院以院中心一处规则水池为景观中心，景亭、廊架沿中心水景位置对称布置，形态多样。

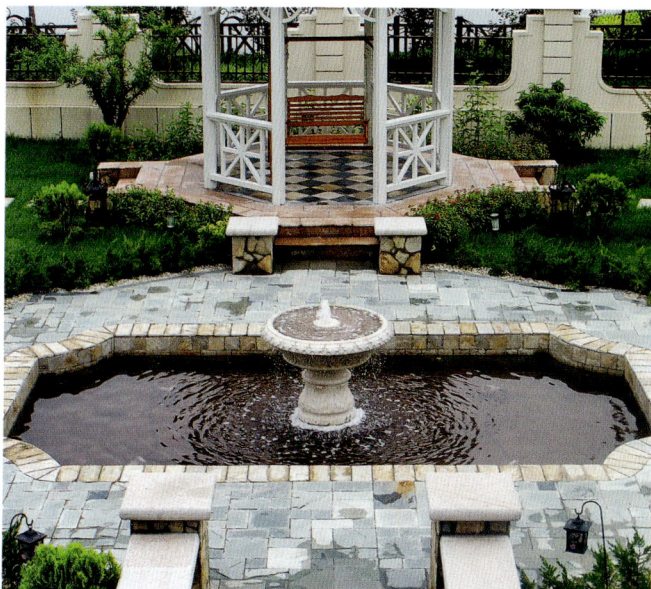

设计点睛 2

移步凉亭，享受休闲午后

毗邻秋千亭的是更加简约大气的凉亭，邀一两好友亭中小酌，或独享受这清凉舒适的下午茶时间，真是妙不可言。

设计点睛 3 **浪漫的秋千小亭**

池边的小亭简洁明快，白色的柱子围绕中心的双人秋千，散发着无限的浪漫与惬意，鹅卵石巧妙衔接平道牙与草坪土的交界，同时也为路沿旁的植物提供了一定的生长空间。

营造氛围的东方廊架

设计点睛 ④

就在水池的另一侧，一排对称分布的中式廊架营造出浓郁的东方气势。廊柱的基座，厚重而古朴，与大面积的石材遥相辉映，典雅大气。

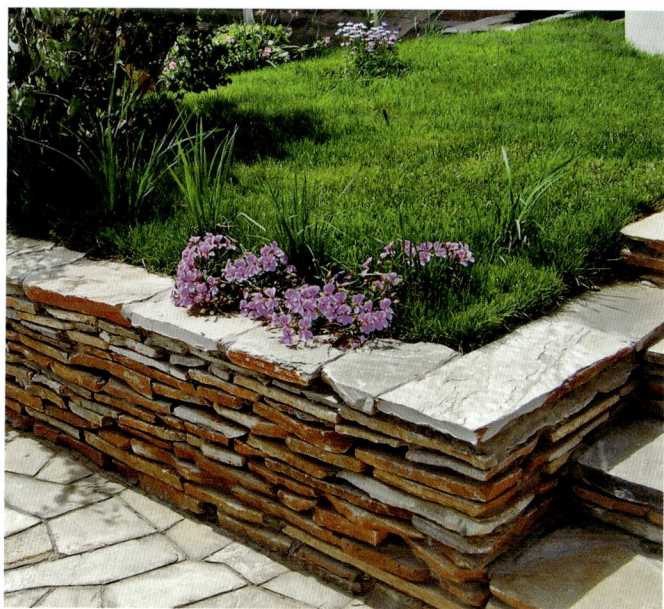

设计点睛 ⑤

石板透出古朴自然的气质

石板材料的颜色、质感与其散发出来的古朴自然气质总能给人以放松和舒适。

天竺葵【科属分类】牻牛儿苗科、天竺葵属

别名洋绣球，原产南非，是多年生的草本花卉。叶掌状有长柄，叶缘多锯齿，叶面有较深的环状斑纹。

花冠通常五瓣，花序伞状，长在挺直的花梗顶端。由于群花密集如球，故又有洋绣球之称。花色红、白、粉、紫变化很多。花期由初冬开始直至翌年夏初。盆栽宜作室内外装饰；也可作春季花坛用花。

案例 ③

香溪澜院

Xiangxi Lan spent hospital

项目地点：上海市
设计公司：上海奥斯本景观设计有限公司

采用西班牙风格的独特性就在于其与众不同的色彩，用质朴的温暖色彩营造主题环境，用绚丽和丰富的细节色彩来让细部有可看性。当然，那些传统西班牙味道的手工质感陶罐、铁艺、圆角厚墙，给人亲和感和自然感。

本案作为一个兼具旅游和度假双重功能的项目，在景观上将体现海湾地区的特色，运用各种海洋元素来创造独特景观。项目运用景观空间来讲述故事，将各个景观空间用一条故事轴串联起来，每个不同的节点景观都有可识别性，给人不同体验，而整个项目给人的感觉更像一个主题乐园，让人在景观中体验到更多互动的乐趣。

优美造型：配合景观中茂密的植物，运用大量富有情趣的雕塑、景墙、喷泉，配合修剪过的植物，创造优美活泼的造型感。

取材质朴：为了体现原味西班牙风情，在景观中放置具有传统西班牙味道的手工质感陶罐、铁艺、圆角厚墙，给人亲和感和自然感。

优美造型

设计点睛 ❶

配合景观中茂密的植物，运用大量富有情趣的雕塑、景墙、喷泉，配合修剪过的植物，创造优美活泼的造型感。

设计点睛 ❷

运用景观空间来讲述故事

将各个景观空间用一条故事轴串联起来，每个不同的节点景观都有可识别性，给人不同体验，而整个项目给人的感觉更像一个主题乐园，让人在景观中体验到更多互动的乐趣。

设计点睛 ③ **取材质朴**

为了体现原味西班牙风情，在景观中放置具有传统西班牙味道的手工质感陶罐、铁艺、圆角厚墙，给人亲和感和自然感。

花叶美人蕉【科属分类】美人蕉科，美人蕉属

花叶美人蕉是美人蕉的园艺变种，多年生宿根草本植物。矮生，植株高50～80厘米，有粗壮根状茎，叶宽椭圆形，互生，有明显的中脉和羽状侧脉，镶嵌着土黄、奶黄、绿黄诸色。顶生总状花序，花10朵左右，红色，较陆生美人蕉的花略小。花叶美人蕉为近年新引进的美人蕉品种之一。它的平行脉呈金黄色，在卷而欲舒的新叶上，若彩妆翠袖嵌上了金线，一派娇态芳姿，惹人怜爱。

春天栽植。选高燥地，避积水，栽前施足基肥。如欲提早开花，须在12月份植株枯萎后挖出地下茎，放温室内用湿砂催芽，保持温度20～25℃。待休眠萌发时分割根茎栽植于室内，3月份出室，可提早2个月开花。开花前施一次稀薄粪肥，开花期间再追肥2～3次。开花后及时剪去残花，以免消耗养分，并使新茎相继抽出，开花连续不断。12月份，地上部枯萎后，剪下盖在植株上并壅土以备安全越冬。来年春拿掉覆盖材料，以利新芽出土。

案例 32

万科金域蓝湾

Vanke Golden Mile Island

项目地点：沈阳市
庭院面积：223645 平方米
设计公司：SED 新西林景观国际

沈阳万科金域蓝湾汲取了浑河稀缺的景观资源。在沈阳这个缺水的内陆城市，打造一个泰式风情园林，会实现许多沈阳人滨水而居的生活理想，将沈阳的品质人居氛围推向了高潮。

本人以园区外部的浑河滩堤公园、湿地公园为媒介，将浑河紧密相连，并于园区内部精心打造三大泰式景观公园，以五大公园的内外相连将稀缺的自然景观纳入园区生活。项目以泰国风情园林为蓝本，营造独特的异域风情，由伽蓝阁、听水台、清迈广场、瑞象亭等多个精彩的节点组成，整体面积约 4 万平方米，缤纷的色彩和丰盈灵动的空间变化，宛如一副异国风情画。低矮的灌木，高大的乔木，高低错落；平静的静面水池，流动的小溪，动静结合；朴质的雕塑，摇曳生姿的花树……从伽蓝阁到瑞象亭，风景弥漫到生活的每一个角落。

设计点睛 ❶ **品质人居氛围推向高潮**

汲取了浑河稀缺的景观资源。在沈阳这个缺水的内陆城市，打造一个泰式风情园林，会实现许多沈阳人滨水而居的生活理想，将沈阳的品质人居氛围推向了高潮。

设计点睛 ②

中轴水景的概念

特色铺装，灵动细节，浑河滩堤公园、湿地公园为媒介，将浑河紧密相连，并于园区内部精心打造三大泰式景观公园，以五大公园的内外相连将稀缺的自然景观纳入园区生活。

设计点睛 ③

蓝天碧水的泰式风情

屈曲回折的水上走廊，以泰国风情园林为蓝本，营造独特的异域风情，由伽蓝阁、听水台、清迈广场、瑞象亭等多个精彩的节点组成。

设计点睛 ④

享受水边的闲适生活

享受异域风情，享受午后阳光，享受碧蓝的池水，享受舒适的环境和满眼的安静和绿色，享受设计师妙手搭建的曼妙景观。

风景弥漫开来

设计点睛 ⑤ 低矮的灌木，高大的乔木，高低错落；平静的静面水池，流动的小溪，动静结合；朴质的雕塑，摇曳生姿的花树……从伽蓝阁到瑞象亭，风景弥漫到生活的每一个角落。

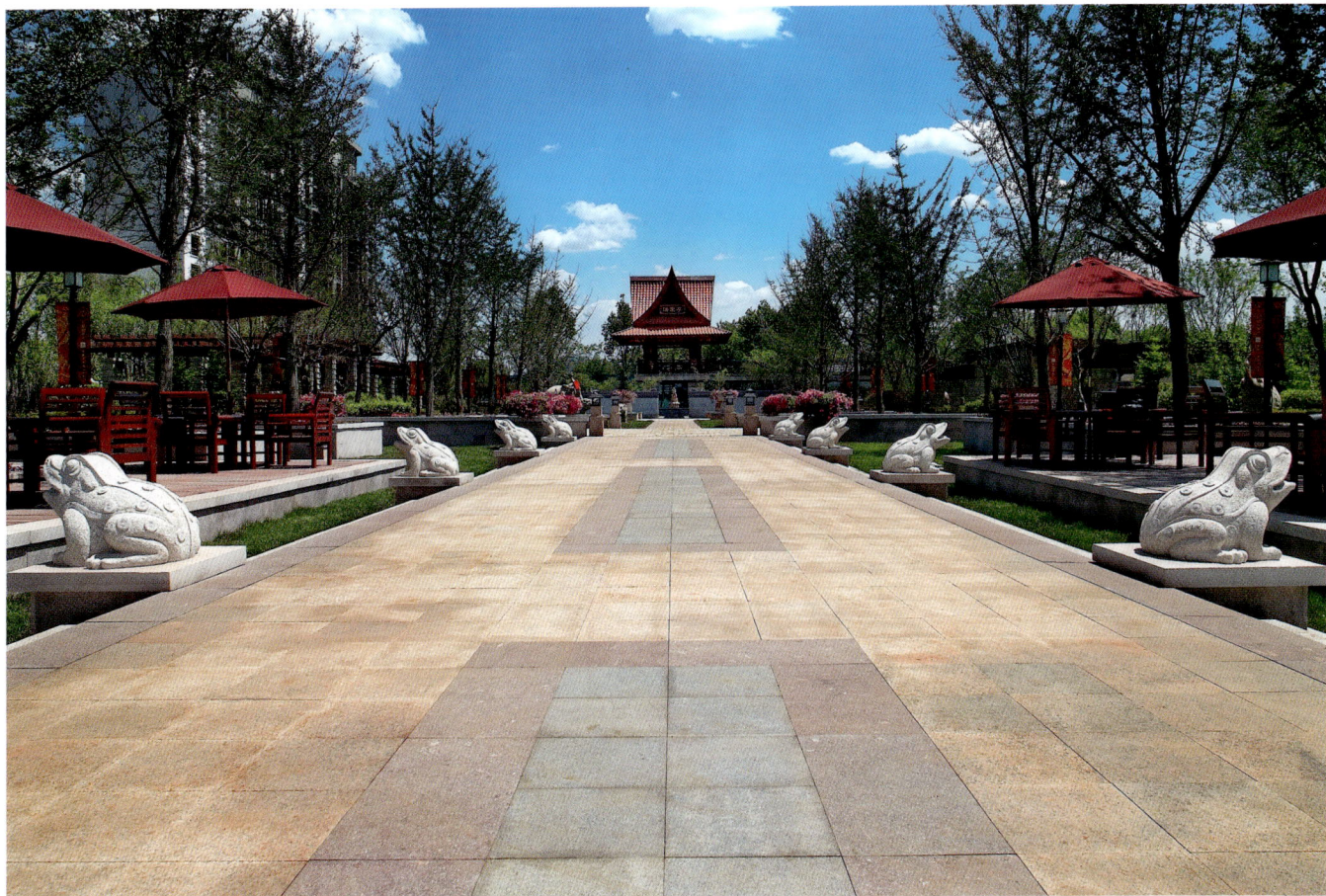

案例 33

美式乡村园
American Country Garden

项目地点：上海
庭院面积：350 平方米
设计公司：上海朴风景观装饰工程有限公司

这是一个独栋别墅的庭院项目，花园环绕建筑四周，有一个下沉庭院和三个地上庭院组成；庭院的设计风格采用了美式乡村的风格特色。

庭院花园的入口区是由开阔的硬装场地和宽大的廊架构成，视野开阔而明亮，架下种植凌霄代表吉祥的寓意，具有鲜明的中国传统特色；庭院的四周用绿篱围合，这样保证了花园内空间的私密性。大面积的草皮是花园空间的主要装饰界面，这样保证了室外空间视野的开阔感，保证主人在室内空间向外观看时的视野通透性。

庭院的场地边界的相互连接是通过低矮的草本植物及灌木加以分隔，柔化边界的生硬感，并形成层次丰富的过渡效果。入口区的场地铺装和与之相连接的自由造型路径的铺装色彩统一，采用同一种材质铺砌但分隔方式各不相同，这样形成了统一而变化的视觉效果。花园内不同功能区域使用的装饰材料肌理和质感相似，这样突出了总体的统一感，运用不同肌理和不同尺度单元的装饰材料使得整个庭院的细节丰富而细腻。

开阔的入户区简洁明了

设计点睛 ① 庭院花园的入口区是由开阔的硬装场地和宽大的廊架构成，视野开阔而明亮，架下种植凌霄代表吉祥的寓意，具有鲜明的中国传统特色。凌霄花语上，还有各色吊兰植物和常青藤植物的搭配。

设计点睛 ②

绿篱围合大面积的草坪

庭院的四周用绿篱围合，这样保证了花园内空间的私密性。大面积的草皮是花园空间的主要装饰界面，这样保证了室外空间视野的开阔感，保证主人在室内空间向外观看时的视野通透性。

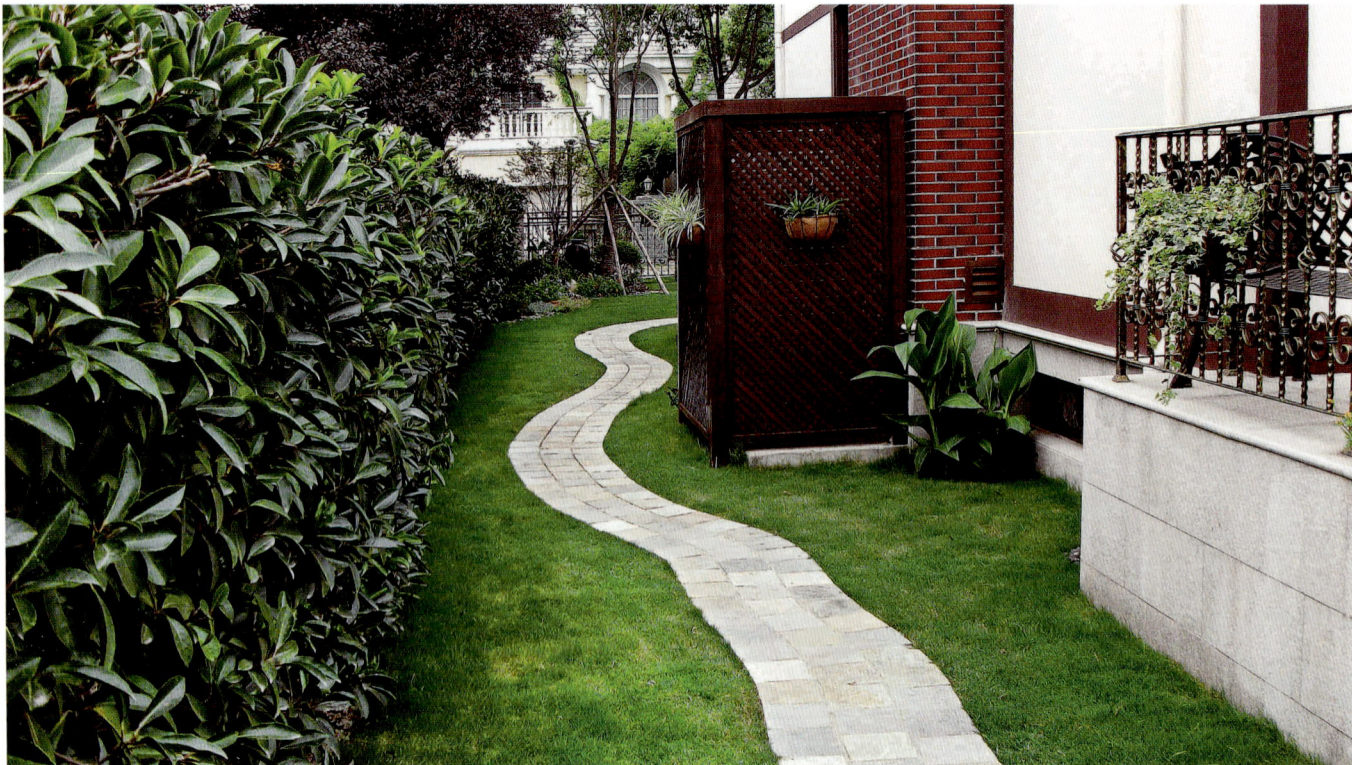

巧妙的边界衔接处理

设计点睛 ❸ 庭院的场地边界的相互连接是通过低矮的草本植物及灌木加以分隔，柔化边界的生硬感，并形成层次丰富的过渡效果。值得注意的是分布各处的吊盆植物，吊坠下来的植物藤条委婉婀娜，随风飘动。

凌霄花【科属分类】紫葳科，紫葳属

凌霄花是连云港市名花之一。千年古凤凰城——南城镇，素享"凌霄之乡"美誉。 为多年生木质藤本，有硬骨凌霄和凌霄之分。这两种港城都有，硬骨凌霄居多。

凌霄花多皱缩卷曲，黄褐色至棕褐色，完整花朵长4～5厘米。萼筒钟状，长2～2.5厘米，裂片5，裂至中部，萼筒基部至萼齿尖有5条纵棱。花冠先端5裂，裂片半圆形，下部联合呈漏斗状，表面可见细脉纹，内表面较明显。雄蕊4，着生在花冠上，2长2短，花药个字形，花柱1，柱头扁平。气清香，味微苦、酸。蒴果长如荚，顶端钝。

凌霄花适应性较强，不择土，枝丫间生有气生根，以此攀缘于山石、墙面或树干向上生长，多植于墙根、树旁、竹篱边。每年农历五月至秋末，绿叶满墙〔架〕花枝伸展，一簇簇桔红色的喇叭花，缀于枝头，迎风飘舞，格外逗人喜爱。

设计点睛 ④ 庭院的细节丰富细腻

花园内不同功能区域使用的装饰材料肌理和质感相似，这样突出了总体的统一感，运用不同肌理和不同尺度单元的装饰材料使得整个庭院的细节丰富而细腻。还有洁白的鹅卵石、假山石，以及拼铺的地砖，细腻古朴。

特别鸣谢

SED 新西林景观国际

房木生景观设计（北京）有限公司

Nelson Byrd Woltz Landscape

北京澜溪润景景观设计有限公司

上海溢柯花园设计事务所

上海热忱花园设计有限公司

京品庭院－南京沁驿园景观设计

北京率土环艺科技有限公司

广州·德山德水·景观设计有限公司

宽地景观设计有限公司

STUDIO LASSO

上海淘景园艺设计有限公司

成都绿茵景园工程有限公司

泛亚国际

澳大利亚普利斯设计集团股份有限公司

BLASEN LANDSCAPE ARCHITECTURE

SURFACEDESIGN INC

广州市太合景观设计有限公司

上海易亚源境景观设计咨询有限公司

欧博设计

Grupo de Diseno Urbano

上海奥斯本景观设计有限公司

上海朴风景观装饰工程有限公司